THE BEST CHEESE CAKE

黃威達・極上之味

和風乳酪
洋菓子

乳酪甜點職人

黃威達──著

20多年的職人手藝對乳酪的完美詮釋，
收錄主廚獨門創意的自信之作！

推薦序／

與威達熟識是在一位日本老師的講習會上，他認真熟練的協助老師準備各項工具及流程，非常細心的教導學員每一個動作，我心想這是一個不藏私很大方的師傅呀，那時他已經是一間甜點店的chef owner。

永遠知道自己的目標不斷往前邁進，不斷努力學習，這就是威達，我推薦這本書，希望各位讀者能在這本書裡學習更多烘焙技巧及知識。

Le Ruban Pâtisserie 

廚師的工作，是將心目中的好食材，用最適當的方式處理、烹調、呈現給客人，因此身為廚師，必須要有挑選好食材的能力，並且用最專業的技術，將食材最好的樣貌及滋味送到客人面前；而在成為某個領域的達人之前，必須經過無數次的嘗試、挑戰、研究、分析，累積足夠的經驗之後，懂得掌握食材變化與運用搭配，才能被稱作達人。

如果提到台灣烘焙業有哪位師傅是奶油乳酪的達人，我第一個想到的就是黃威達師傅。從威達師傅在久久津的商品受到消費者喜愛的程度，不難看出一位達人的作品何以突出，並讓業界紛紛仿效，這一切還是因為威達師傅在背後付出的努力。威達師傅有深厚的旅日工作基礎，在日本紮實的工作歷練下，奠定了對於奶油乳酪的知識和製程的嚴謹，以及對產品嚴苛要求的龜毛態度，並且直到現在都不斷地大量吸收國外的第一手專業資訊，持續鑽研精進，成為走在業界最前頭的領導者。

威達師傅謙虛又好相處的個性，是另一個我認為他之所以成功的原因，記得初次踏進久久津乳酪菓子手造所，威達師傅熱情的分享了許多暢銷商品，把消費者當成朋友般的互動，讓專業語言更沒有距離，加上威達師傅在各地開班授課，毫不藏私的將許多配方和技術公開分享，這些產品之外的東西，正是威達師傅的價值所在，也是業界師傅們學習的榜樣。

每個能將一身好武藝集結成冊出書的人，都灌注了大家想像不到的時間跟精神在書中，威達師傅的這本嘔心瀝血之作，絕對不能錯過！

L'atelier du Bon Pain
Chef 

「烘焙」對於許多人來說，是療癒心靈的力量；但對我而言，是一段人生起承轉合的變化。

其實，最早開始我是麵包師傅，在日本工作時，發現自己對麵粉有嚴重過敏的現象，沒辦法長久在布滿麵粉的環境工作。不得已的情況下，轉換跑道於第二專長的發展，換過無數次的工作，但最後還是回歸到最初的選擇「烘焙」。雖然同樣是與麵粉接觸的烘焙產業，不過我以麵粉用量最少的乳酪糕點為努力的方向。繼而也從麵包領域轉而投入乳酪的相關研究，長時間累積的知能完整了我在專業領域的成長。若要說我的乳酪甜點與大眾市場的最大不同，我想就是那股自始至終不妥協的執著熱情吧。

本書裡結集的是一路走來對乳酪的變化與結合的詮釋。從餅乾、蛋糕、塔派，到各式伴手禮，都是以做出最好的味道、能讓大家明瞭的簡單美味切入為目標。也因為想將乳酪甜點的豐富性傳達給各位，更期望能成為深受大家喜愛的幸福祕帖。

做甜點很重要的無非就在於用心，傾注熱情完成的成品，相對也會讓人因成就而感到開心。也如同我對商品未來的研發走向——在不損及美味的前提，讓同樣對麵粉過敏的甜點愛好者，既能吃得美味又無負擔的「無麩質生活」提案。

人生際遇的轉折很多，在過去幾年拓展可能性的同時，我也謹慎思考，回歸友善大地與在地農業共好的初心，積極投入在地農產結合乳酪的研發。也期許透過在地共識凝聚打造出產品伴手的特色文化，能為產業帶來新氣象，讓傳承文化的在地精品伸展國際在世界舞台發光。

越在地、越國際，這也是現階段的我努力追尋……

久久津乳酪菓子手造手所
技術總監　黃成志

Contents

1　人氣定番乳酪蛋糕

2　新食口感乳酪糕點

3 專屬限定乳酪燒菓子

4 暖心午茶乳酪塔派

Plus 主廚的自信之作

本書注意事項

＊ 材料配方中，鮮奶油若無特別標示，就是使用動物性鮮奶油。
＊ 奶油乳酪、奶油、蛋等食材，須先放室溫回溫、軟化後再使用。
＊ 烤箱要事先預熱到指定的溫度。
＊ 烤箱的時間與溫度會因烤箱的不同而有所差異；標示時間、火候提供
  參考，必須配合實際需求做最適當的調整。
＊ 教學影音QR碼收錄，本書有特別標註 Q 符號代表有影片教學示範。

讓人微笑的幸福滋味

乳酪蛋糕！
以濃醇的乳製美味緊密的凝聚融合，
外表簡樸，口味卻無與倫比的迷人滋味。

特有的酸味與香醇，加上柔滑濕潤的口感，
一種含藏無限潛能的甜美風味。

56款溫暖柔順又極具深度的乳酪甜點，
展現職人堅持的簡樸原始美味，
讓您深刻感受乳酪糕點的極致之美。

Say Cheese

Cheese Cake

從認識乳酪開始吧！

書中各式乳酪糕點，以不帶強烈個性味道，和任何食材都很容易搭配的奶油乳酪為主；
清爽、滑順的共同特色中又有不同質地與口感，這裡針對不同的奶油乳酪特色介紹，
讓您熟悉風味特色，可以多加變化從中找到自己喜愛的口味。

北海道奶油乳酪
LUXE CREAM CHEESE

【產地】日本
【類型】生乳成分乳酪
【味道】香氣濃郁口感滑順不膩，不帶酸感。
【特色】風味滑順濃郁是製作乳酪糕點的用料，也
　　　　可直接使用搭配水果、生火腿等。
【注意】與檸檬汁或酸性物質結合時容易產生乳凝
　　　　效果。

十勝奶油乳酪
よつ葉CREAM CHEESE

【產地】日本
【類型】生乳成分乳酪
【味道】細緻柔軟、乳香濃郁、酸香平衡。
【特色】帶有溫順的乳香及清爽酸味，化口性佳，
　　　　後韻帶著微量酸度的香氣，風味中性、溫
　　　　和容易與其他食材搭配。可直接塗抹食用
　　　　或搭配水果、果醬。
【注意】本身乳酪含有較豐富的油質，相同配方可
　　　　適度減少奶油使用量，適合燒烤形態短時
　　　　間烘烤的製品。

吉利奶油乳酪
KIRI CREAM CHEESE

【產地】法國
【類型】清爽型生乳殺菌乳酪
【味道】柔順細膩、乳香濃郁、色澤潔白、低鹹味。
【特色】乳脂肪含量較一般奶油乳酪高，質地綿密
　　　　滑口，味道也較清新，廣泛運用於各類糕
　　　　點料理。
【注意】乳酪含有乳鹽，使用配方時需注意整體鹽
　　　　含量的調整。

燈塔奶油乳酪
LE GALL CREAM CHEESE

【產地】法國
【類型】清爽型生乳殺菌乳酪
【味道】細緻柔滑、濃稠香醇。
【特色】柔滑、帶有溫和乳香風味，柔滑綿密，可直
　　　　接塗抹食用，廣泛運用於各類西點料理。
【注意】燈塔乳酪較無鹽味，帶有微微的酸感，和水
　　　　果風味質地的乳酪製品很對味。

亞諾奶油乳酪
BUKO CREAM CHEESE

【產地】丹麥
【類型】膠質型奶香濃郁乳酪
【味道】細緻柔軟、奶香濃郁、濃稠醇厚。
【特色】具濃郁的乳香及細緻清爽的餘味，本身含
　　　　有低鹽分，可提引出食材的風味，適合用
　　　　於乳酪沾醬、抹醬或乳酪甜點製作。
【注意】適合喜愛濃郁奶香、甜味低的乳酪製品。

卡夫菲力奶油乳酪
KRAFT PHILADELPHIA
CREAM CHEESE

【產地】澳洲
【類型】膠質型酸感奶香濃郁乳酪
【味道】溫和滑順。
【特色】用來製作乳酪蛋糕，或搭配果醬、蜂蜜，
　　　　加入其他香料做成抹醬皆宜。
【注意】適合製作風味濃重，如美式風格乳酪。

鐵塔奶油乳酪
ELLE& VIRE CREAM CHEESE

【產地】澳洲
【類型】膠質型酸感奶香乳酪
【味道】細膩柔滑、口味柔和。
【特色】綿密滑順、口感佳、化口性好、穩定性高，
　　　　用途廣泛可於各式西點蛋糕、料理製作。
【注意】適合製作風味濃重，如美式風格乳酪。

馬斯卡彭乳酪
MASCARPONE

【產地】義大利
【類型】新鮮型乳酪
【味道】柔和順口，濃濃奶香，如鮮奶油般的滑
　　　　潤、綿密。
【特色】用來製作提拉米蘇的知名乳酪，帶有黏性
　　　　的口感，以及微微的甜味，乳脂肪含量較
　　　　高約80%，可直接塗抹使用或搭配具有酸
　　　　味的水果都很美味。

製作乳酪甜點的材料
MATERIALS

材料的品質使用對甜點的風味會有直接的影響，這裡針對基本的材料及其性質介紹。

01 蛋

冷藏的蛋需先常溫解凍待回溫後再使用。

02 細砂糖

甜點基本上都是使用精製高，甜味爽口的白細砂糖。

03 上白糖

濕潤柔軟的口感，甜度稍微低於白細砂糖，亦可用細砂糖取代製作，適合製作燒菓子或磅蛋糕。

04 鮮奶

使用乳脂肪成分高的新鮮鮮奶，增添濃醇乳香風味。

05 鮮奶油

選用風味佳、乳脂肪含量35%的製品，較不易油水分離，能帶出甜點的口感風味，增加油脂能讓口感更滑順。

06 奶油

使用風味豐富、濃醇的無鹽奶油為主，需先置於室溫下軟化或加熱融化後再使用。

07 低筋麵粉

麩質含量少，黏性較低，適用於輕柔又易融於口的海綿蛋糕、塔皮等烘焙甜點。

08 玉米粉

從玉米粉中提煉出的澱粉，製作糕點時添加適量玉米粉可降低麵粉筋度，增加蛋糕鬆軟口感。

日本太白粉

杏仁粉

巴芮脆片

杏仁粒

甘栗

可可粉

栗子泥

高筋麵粉

蛋白粉

泡打粉

榛果醬

葡萄乾

橘皮絲

蔓越莓

黑、白巧克力

海藻糖

和三盆糖

吉利丁片

製作乳酪甜點的工具

TOOLS

這裡針對製作乳酪甜點不可或缺的基本器具，
以及各式的基本模型介紹。

基本工具

· 磅秤、量杯、量匙

· 鋼盆、打蛋器

· 橡皮刮刀

· 攪拌機

· 均質機

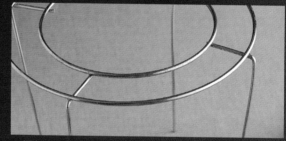

· 網架

· 銅鍋、煮鍋、耐熱攪拌勺

· 網篩、小粉篩

· 溫度計

· 毛刷、擀麵棍

· 蛋糕轉台、抹刀、鋸齒刀

· 矽力康布墊、烤焙紙

· 擠花袋＆花嘴

· 刮板

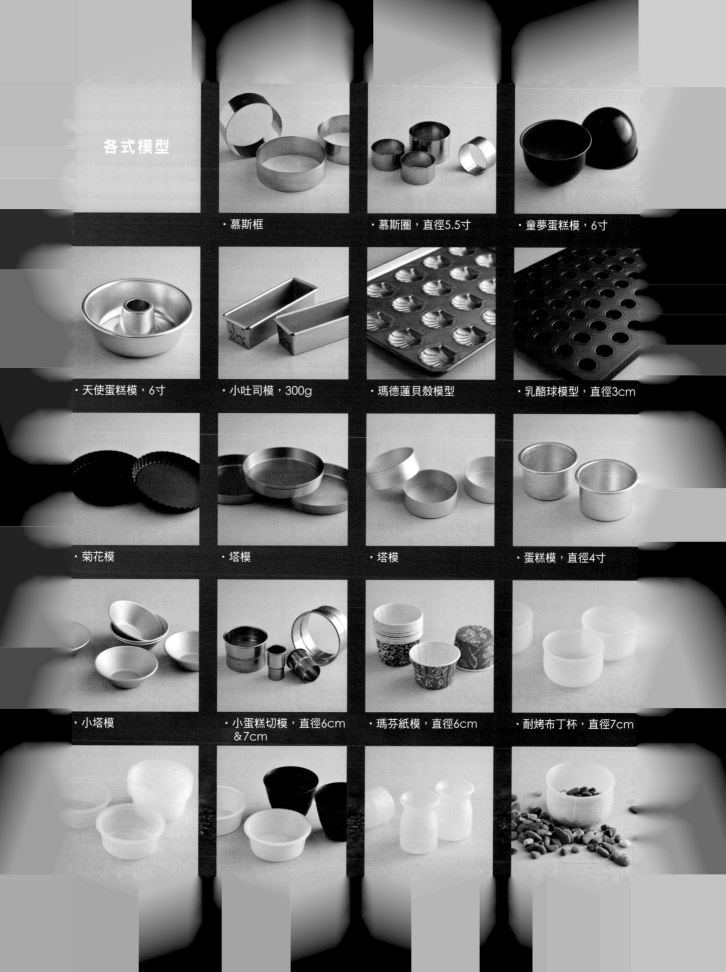

各式模型

・慕斯框

・慕斯圈，直徑5.5寸

・童夢蛋糕模，6寸

・天使蛋糕模，6寸

・小吐司模，300g

・瑪德蓮貝殼模型

・乳酪球模型，直徑3cm

・菊花模

・塔模

・塔模

・蛋糕模，直徑4寸

・小塔模

・小蛋糕切模，直徑6cm
&7cm

・瑪芬紙模，直徑6cm

・耐烤布丁杯，直徑7cm

製作乳酪甜點的重點

乳酪甜點的作法並不難，
只要遵守基本原則，就能成功！
這裡從基本要訣與技巧介紹，
教您掌握製作的重點訣竅，
再從細節步驟下工夫，
就能廣泛應用於所有類型的甜點，
製作出各式極致美味的糕點。

絕對要知道的重點

1. 食材恢復室溫後再使用

蛋、乳品、奶油冷藏保存的食材，要先放置室溫，待恢復室溫，回溫軟化後再使用，直接使用由於質地堅硬、低溫狀態不容易拌開，不容易與油質等材料均勻融合，易有結塊的情形會影響品質。

奶油乳酪放室溫待回溫軟化，以手指按壓，可留下指痕的柔軟度即可。

2. 隔水加熱融化

為預防加熱過度、材料焦掉，需先融化成液態的食材，可用隔水加熱、或微波加熱的方式操作。利用水控制溫度，透過間接的加熱融化，可避免加熱不當所成的燒焦情形。

巧克力的融化過程中，要注意溫度不可過高外（避免油水分離），也不能摻有任何水分，避免油水分離破壞巧克力液的質地。

3. 判斷乳酪蛋糕是否烤熟

測試乳酪蛋糕是否已烤熟，可由蛋糕體膨脹的程度及外觀色澤判斷。
用手輕拍觸摸。輕拍表面有飽實感、富彈性則代表烤熟；若輕拍表面留有明顯指印且感覺濕軟無彈性則未完全熟透；從表面的裂縫中若看不到生麵糊表示已烤好了。

4. 烤焙的溫度與時間

依烤箱的不同時間會有些許的差異；標示時間、火候提供參考依據，務必視實際需求做最適當的調整；如依照時間烘烤還不夠的話，可再配合烤色判斷，延長烘烤時間，若就指定時間更快上色，可斟酌調降溫度，或在表層覆蓋鋁箔紙烘烤。

若烤至中途，表面已快焦掉，但尚未烤熟，可蓋上鋁箔紙，再烤至中間蓬脹鼓起。

美味加倍的重點要訣

1. 攪拌出柔滑的蛋白霜

打發蛋白，是讓糕點膨脹鼓起不可或缺的重點。製作以膨鬆柔軟為口感特色的舒芙蕾乳酪蛋糕，混入的蛋白要攪打到濃稠光滑的發泡程度。讓蛋白霜與乳酪麵糊達到相當的柔軟程度，才能更容易拌勻融合，製成的蛋糕質地較為細緻。

2. 麵糊攪拌融合至光滑

有如飽含空氣般的混合攪拌麵糊至光滑狀態，是乳酪蛋糕美味的重點所在。將麵糊充分混合，攪拌至整體呈光澤感，且能留下打蛋器的攪拌水痕，拉起麵糊若能挺立著不流落表示充分混合完成。

將麵糊攪拌至整體呈現光澤感，且能留下攪拌的水痕，舀起麵糊若能挺立不滴落表示攪拌混合完成。

3. 邊隔水加熱邊攪拌麵糊

攪拌混合奶油及鮮奶的乳酪麵糊時，若麵糊溫度太低，容易導致油水分離而影響質地，這時可將麵糊以邊隔水加熱邊攪拌的方式攪拌均勻，直至麵糊變為濃稠光滑。

用手觸摸麵糊若覺得變冷，可隔水加熱、溫熱麵糊攪拌至變得濃稠光滑。

4. 質地細緻的過篩

吉利丁是慕斯類的主要凝結材料，製作這類糕點時，若直接將泡軟的吉利丁加入黏稠的麵糊，容易有結粒的情形，建議可將泡軟的吉利丁與溫熱的食材拌融，使其完全融解後再加入麵糊中混合拌勻，這樣完成的麵糊質地會較細緻。

將麵糊利用篩網過篩，濾除小顆粒使其柔滑細緻。

5. 口感不同的烤焙法

乳酪蛋糕的烤焙法，分為「直接烘烤」、以及「隔水烘烤」（水浴法）。隔水烘烤（過程中若水分烤乾可酌量補充熱水），此法製作成乳酪蛋糕，口感濕潤為其特色，像是著名的紐約乳酪蛋糕；直接烘烤的乳酪蛋糕，帶香濃、誘人金黃烤色。

● 隔水烘烤

A 在烤盤中鋪放乾淨抹布，加入水的高度超過烤盤約1/2的深度。　**B** 將烤模放入烤盤中，放入烤箱烘烤。

6. 完美不變形的脫模要訣

冷藏類的乳酪蛋糕要漂亮的從模型中取出，就要掌握「讓邊緣軟化」的訣竅。脫模時可利用噴火槍加熱模框；或利用擰乾的熱毛巾包覆模型溫熱外圍，讓沾黏模具的蛋糕邊緣開始軟化後，扶住周圍由側邊剝離將蛋糕完整推出。

● 冷藏類乳酪蛋糕

A 加熱模框外圍，讓邊緣軟化。　**B** 將模型往上脫取下。

● 烤焙類乳酪蛋糕

▲ 將抹刀插入模型與蛋糕間，沿著周圍繞轉一圈，就能取出蛋糕。

7. 漂亮的分切要訣

為了切出漂亮的乳酪蛋糕，可將刀子放入熱水中溫刀，並用布巾擦乾後再進行切片（或用火烤溫熱）；每切一次必須擦乾淨刀面再操作。

● 溫刀的方法

方法1：將鋸齒刀用噴火槍稍烘烤溫熱過。　**方法2**：將鋸齒刀浸泡熱水中加溫，拭乾水分。

讓乳酪甜點更加美味的基本技巧 掌握美味製作的發泡打法技巧！

蛋白霜的打發

01 蛋白加入1/2份量細砂糖攪拌至濕性發泡狀。

02 **6分發狀態**。拿起攪拌器時會呈滴落狀的尖角。

03 分次加入剩下的細砂糖攪拌至蓬鬆。

04 **8分發狀態**。拿起攪拌器時細微的尖角。

05 繼續攪拌打發至質地帶光澤。

06 **全發狀態**。拿起攪拌器時起尾端尖峰呈挺立狀態。

鮮奶油的打發

01 鮮奶油攪拌打發至質地變細呈黏稠狀、仍會流動。

02 **6分發狀態**。拿起攪拌器勾起會呈滴落狀。

03 攪拌至質地呈濃厚黏稠狀。

04 **7分發狀態**。拿起攪拌器勾起呈彎曲狀。

05 攪拌至質地有細緻紋路。

06 **8分發狀態**。拿起攪拌器勾起呈硬挺勾狀。

基本的製作 掌握構築深度美味的基本製作！

蘭姆葡萄

材料：

葡萄乾1000g
蘭姆酒300g
細砂糖300g

作法：

01 葡萄乾洗淨後，用蒸鍋蒸約15分鐘，待冷卻（或煮水汆燙過）。

02 將葡萄乾與蘭姆酒、細砂糖混合拌勻。覆蓋保鮮膜、冷藏浸泡，每天攪拌一次，重複操作約10天。

綜合水果餡

材料：

芒果果泥150g
百香果泥15g
香草醬2g
橘皮丁100g
葡萄乾100g
蔓越莓乾125g
檸檬蜜餞丁25g
芒果乾125g

作法：

01 將所有材料混合拌勻。

02 密封、冷藏7天入味後使用。

19

酥菠蘿

材料：

發酵奶油100g
上白糖100g
低筋麵粉30g
杏仁粉120g

作法：

01 將所有材料攪拌均勻成團，搓揉成圓柱狀，用保鮮膜包覆，冷凍約6小時。

02 將麵團用刨刀刨成細顆粒狀，挑鬆，冷凍備用。

焦糖杏仁

材料：
杏仁角500g
糖漿100g

作法：

01 細砂糖50g、水50g煮至沸騰，做成糖漿。

02 將杏仁角加入糖漿拌勻，攤展開鋪平，放入上火150℃／下火150℃烤箱中，烤至上色呈淡褐色（烘烤過程中需不停攪拌）。

＊用烘烤的方式比起一般用鍋子翻拌的較無油耗味。

紫米紅豆

材料：
紫米
紅豆

作法：

01 將紫米泡水（水量約加至食指關節第一節高度）約30分鐘，用電鍋蒸煮至煮。紅豆加水浸泡約3小時，加熱煮沸，再加入二砂糖調味後，移置燜燒鍋中燜煮約1-2小時至熟即可。

02 將熟紫米（150g）與蜜紅豆（150g）混合拌勻即可。

＊蜜紅豆也可以改用同份量的蜜黑豆來做變化。

白巧克力醬

材料：
白巧克力240g
鮮奶油90g
無鹽奶油50g
君度橙酒20g

作法：

01 白巧克力隔水加熱融化，加入溫熱的鮮奶油（約80℃）混合拌勻至乳化。

02 待降溫約35℃，加入軟化奶油、橙酒拌勻。

打造完美的底層質地

乳酪蛋糕的底層與乳酪餡同樣的重要，
除了用餅乾屑與其他材料混合製作餅乾層底座，
也可以利用蛋糕體、蛋糕屑來搭配成形，
打造不同的層次口感。

A 焦糖餅乾底

口感酥脆，淡淡的焦糖香味中有著淡淡的肉桂香
氣，味道香甜，與口味濃重的咖啡乳酪蛋糕超級
對味。

B 消化餅乾底

以保有小麥胚芽的全粉粒製作成的餅乾，甜度
低、味道簡單，有著多穀物的口感香氣，為乳酪
蛋糕底層的常用的底層，與所有的乳酪蛋糕都非
常的對味。

C 奇福餅乾底

口感輕盈酥脆、味道單純，帶有淡淡鹹味，為乳
酪蛋糕的最常用底層，與所有的乳酪蛋糕都十分
的對味。

D 巧克力餅乾底

帶有巧克力香甜風味，深黑色澤營造出強烈的視
覺效果，使用時要減少奶油比例。用夾餡型的餅
乾體，務必先刮除夾餡再壓碎使用。

E 海綿蛋糕底

蓬鬆柔軟的蛋糕質地，不同於餅乾底層的質地口
感，可吸收多餘水分外，並有助於烤好蛋糕表面
有太大的裂隙，常用於舒芙蕾乳酪蛋糕的搭配。

以經典的乳酪蛋糕，重新構築詮釋，
熟悉的、新奇的香濃滋味、半熟、熱烤乳酪…
熱吃溫潤可口，冷吃別有柔順風味，
無論外觀或口感，都充滿魅力的經典風味。

1

人氣定番乳酪蛋糕

海綿蛋糕

材料 （1盤份）

蛋糕體

A 蛋黃240g
　 蛋白300g
　 上白糖208g
　 海藻糖52g
B 低筋麵粉200g
C 鮮奶80g
　 葡萄籽油40g
　 蜂蜜16g

事前準備

· 粉類先過篩
· 備妥模具，裁剪烘焙紙成符合模型底部大小鋪在模型內
· 預熱烤箱至所需溫度

使用器具

66cm×46cm烤盤

作法

01 蛋白、上白糖、海藻糖混合拌勻，加入蛋黃打勻，再邊攪拌邊隔水加熱至約38℃，滑順狀態。

02 將【步驟1】攪拌打發，待蛋糊打到全發，用刮刀舀取麵糊可畫出明顯紋路「8」字形的濃稠度。

03 鮮奶、葡萄籽油、蜂蜜，隔水加熱至微溫，保持溫度於50℃。

04 將過篩的低筋麵粉平均分布的倒入【步驟2】中，用刮刀從底部向上，以輕柔的切拌方式混合翻拌至沒有粉粒；攪拌時避免蛋糊消泡。

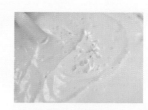

05 將【步驟4】加入【步驟3】混合拌勻。

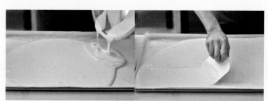

06 將蛋糕麵糊倒入烤盤中、用刮刀抹平，放入上火190℃／下火160℃烤箱中，烤約15分鐘。

巧克力海綿蛋糕

材料 （1盤份）

蛋糕體

A 全蛋738g
　　上白糖397g

B 低筋麵粉220g
　　可可粉148g
　　杏仁粉75g
　　泡打粉4g

C 奶油237g
　　葡萄籽油164g

事前準備

· 粉類先過篩
· 備妥模具，裁剪烘焙紙
　成符合模型底部大小鋪
　在模型內
· 預熱烤箱至所需溫度

使用器具

66cm×46cm烤盤

作法

01 全蛋、上白糖混合拌勻，再邊攪拌邊隔水加熱至約40℃。

02 將【步驟1】攪拌打發，待蛋糊打到全發，用刮刀舀取麵糊可畫出明顯紋路「8」字形的濃稠度。

03 奶油、葡萄籽油加熱至完全融化，保持溫度於80℃。

04 將過篩的材料B平均分布的倒入【步驟2】中，用刮刀從底部向上，以輕柔的切拌方式混合翻拌至沒有粉粒。

05 將部分的【步驟4】加入【步驟3】中先混合拌勻，再倒入剩餘的【步驟4】中混合拌勻，拌至麵糊呈現水線的狀態即可。

06 將蛋糕麵糊倒入烤盤中、用刮刀抹平，放入上火190℃／下火160℃烤箱中，烤約15分鐘。

抹茶海綿蛋糕

材料 （1盤份）

蛋糕體

A 全蛋650g
　　蛋黃270g
　　上白糖320g
　　海藻糖160g
　　低筋麵粉230g
　　杏仁粉90g
B 鮮奶140g
　　沙拉油140g
　　抹茶粉40g
　　水80g

事前準備

· 粉類先過篩
· 備妥模具，裁剪烘焙紙
　成符合模型底部大小鋪
　在模型內
· 預熱烤箱至所需溫度

使用器具

66cm×46cm烤盤

作法

01 全蛋、蛋黃、上白糖、海藻糖混合拌勻，再邊攪拌邊隔水加熱至約38℃。

02 將【步驟1】攪拌打發，待蛋糊打到全發，用刮刀舀取麵糊可畫出明顯紋路「8」字形的濃稠度。

03 抹茶粉、水先混合攪拌均勻，加入鮮奶拌勻，加入沙拉油，隔水加熱至微溫，保持溫度於50℃。

04 將過篩的低筋麵粉、杏仁粉平均分布的倒入【步驟2】中，用刮刀從底部向上，以輕柔的切拌方式混合翻拌至沒有粉粒，再加入【步驟3】混合拌勻。

05 將抹茶麵糊倒入烤盤中、用刮刀抹平，放入上火190℃／下火160℃烤箱中，烤約15分鐘。

北海道半熟乳酪
SOUFFLE CHEESE CAKE

以溫度及時間的技法掌控，呈現乳酪豐潤滑嫩的多重層次口感！
柔細海綿蛋糕為底，加上乳酪、卡士達麵糊製作，
濃郁順口的乳酪奶香，輕柔不膩，口感綿細，入口即化，
冰凍口感與解凍後品嚐，各有不同的綿密口感風味十分特別。

SOUFFLE CHEESE CAKE

北海道半熟乳酪

材料 （20個份）

海綿蛋糕

海綿蛋糕→P24

乳酪餡

A 鮮奶200g
　蛋黃100g
　細砂糖18g
　玉米粉18g
　北海道乳酪300g
　發酵奶油58g
B 蛋白62g
　細砂糖60g

使用器具

66cm×46cm烤盤2個
直徑5.5cm
小蛋糕切模20個

（裁剪烤焙紙圈圍模
型框內）

作法

海綿蛋糕

01 海綿蛋糕作法參見
P24。

乳酪餡

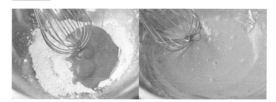

02 蛋黃麵糊。蛋黃、細砂糖、玉米粉攪拌均勻至
無顆粒狀。

03 鮮奶中火加熱，煮滾至沸騰冒泡後，轉小火，加入【步驟2】中，持續攪拌避免焦底，此時蛋黃卡士達醬會越來越濃稠，持續攪拌至滑順為止，熄火。

04 最後加入軟化奶油拌勻，加入奶油乳酪拌勻。

 Point 卡士達醬加溫至95℃左右時黏度最強，此時繼續加熱攪拌，黏度會開始降低，至滑順即可。

05 **蛋白霜**。將蛋白加入1/2份量細砂糖打發至發泡，再分次加入剩下細砂糖打發至濕性發泡（6-7分發）。

06 將蛋白霜分次加入【步驟4】蛋黃麵糊，以切拌的方式混合拌勻。

烘烤組合

07 將烤好海綿蛋糕攪打成屑末狀（或壓切成圓片）鋪在模型底部，擠入乳酪麵糊至9分滿。

08 烤盤鋪放乾淨的抹布、倒入水，放入上火230℃／下火130℃烤箱中，以隔水加熱（水浴法），烤約16分鐘至麵糊膨脹。

 Point 烤盤放上托盤，放入烤模，再倒入約1/2高度的水，隔水烤焙的方式，即所謂水浴法。

貝雷克蘭姆葡萄乳酪

RUM RAISINS CHEESE CAKE

黃金比例自製蘭姆葡萄，再搭配不同風味蘭姆酒突顯其風味，
香氣十足的蘭姆葡萄，融合在溫潤乳酪麵糊裡，使乳酪的芳醇更加昇華，
綿密蛋糕體，芳醇乳酪，香濃又滑順、入口即化的幸福滋味。

（無麩版）
無麩蘭姆
乳酪蛋糕

材料 （6個份）

巧克力海綿蛋糕

巧克力海綿蛋糕→P25

乳酪餡

A 卡夫菲力乳酪1450g
　　香草糖漿180g
　　玉米粉36g
　　蛋黃260g
　　香草油10g
　　鮮奶油80g

B 蛋白200g
　　細砂糖200g

C 蘭姆葡萄200g→P19-20
　　蘭姆酒80g
　　白蘭姆酒25g

* 自製的蘭姆葡萄更加的美味。

使用器具

66cm×46cm烤盤2個
6寸慕斯圈6個

作法

巧克力海綿蛋糕

01 巧克力海綿蛋糕作法參見P25。

蘭姆葡葡

02 蘭姆葡萄作法參見
P19-20。

乳酪餡

03 **蛋黃麵糊**。奶油乳酪拌軟加入香草糖漿攪拌至
柔滑狀，加入玉米粉拌勻。

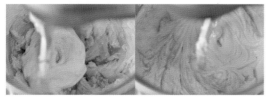

04 再慢慢加入蛋黃、香草油混合拌勻，加入鮮奶
油、蘭姆酒、白蘭姆酒拌勻。

05 **蛋白霜**。將蛋白打發至成堅挺的硬性發泡（8
分發）（打法參見P18）。

06 將【步驟4】加入蘭姆葡萄拌勻，再分次加入
蛋白霜切拌混合均勻。

烘烤組合

07 將巧克力蛋糕壓切成圓底，鋪在模型底部，再
倒入乳酪麵糊至模型中約8分滿、抹平。

08 放入上火210℃／
下火130℃烤箱中，以
隔水加熱（水浴法）烤
約40分鐘。

抹茶紫米紅豆乳酪
MACTHA&RED BEAN CHEESE CAKE

抹茶風味的定番組合！以抹茶海綿蛋糕體為底，結合紫米、紅豆、抹茶乳酪餡，
淡淡的抹茶馨香，香甜與微苦的融和，形成絕妙多層次的豐富口感。

材料 （6個份）

抹茶海綿蛋糕

抹茶海綿蛋糕→P26

抹茶乳酪餡

A 亞諾乳酪1650g
　細砂糖82g
　蛋黃160g
　抹茶粉30g
　抹茶酒65g
　無鹽奶油60g
　檸檬汁10g

B 蛋白320g
　細砂糖250g
　蛋白粉2g

＊ 打發蛋白時添加蛋白粉可助
　於蛋白霜打得更堅挺。

紫米紅豆

熟紫米150g
蜜紅豆150g

使用器具

66cm×46cm烤盤2個
6寸慕斯圈 6個

作法

抹茶海綿蛋糕

01 抹茶海綿蛋糕作法參見P26。

抹茶乳酪餡

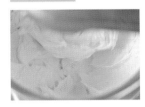

02 蛋黃麵糊。將乳酪
打軟加入細砂糖攪拌至
柔滑。

04 蛋白霜。將蛋白打發至成堅挺的硬性發泡（8
分發）（打法參見P18）。將蛋白霜分次加入【步
驟3】蛋黃麵糊，以切拌的方式混合拌勻，再加入
紫米紅豆（作法參見P19-20）拌勻。

烘烤組合

03 抹茶粉、抹茶酒攪拌均勻，加入蛋黃攪拌勻，
再加入【步驟2】中攪拌混合均勻，加入隔水融化
奶油（約60℃）拌勻，加入檸檬汁拌勻。

05 將抹茶海綿蛋糕壓切成型，鋪在模型底部，再
倒入抹茶乳酪餡、抹平。

06 放入上火200℃／下火130℃烤箱中，以隔水加
熱（水浴法），烤約45分鐘（烘烤至上色時可調上火
150℃）。

雲石咖啡乳酪蛋糕
MARBLE CHEESE CAKE

紮實餅乾底層，不同風味的雙層咖啡乳酪餡，
加上巧克力乳酪麵糊，做出美麗的大理石花紋，
三層醇厚風味的結合，品嚐豐富層次的風味協調感。

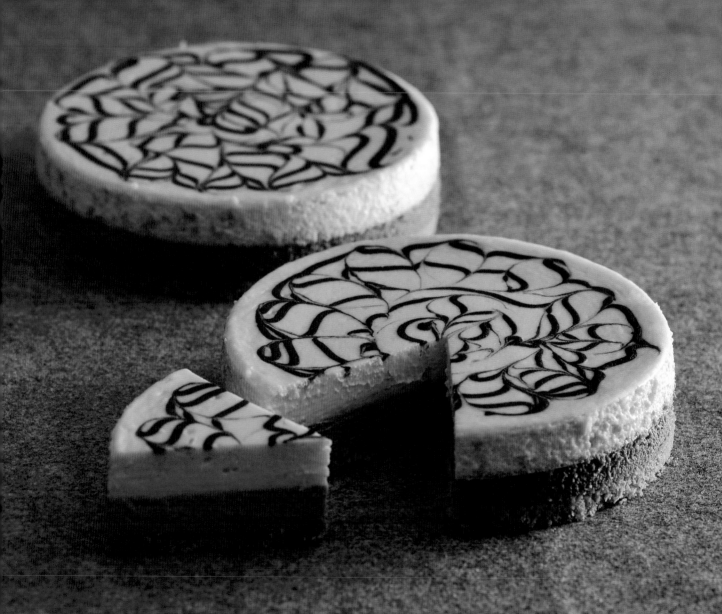

材料 （6個份）

餅乾底
奇福餅乾屑900g
糖粉80g
無鹽奶油300g

咖啡乳酪餡
吉利乳酪500g
細砂糖90g
海藻糖20g
玉米粉8g
全蛋240g
鮮奶油70g
卡魯哇咖啡酒40g
咖啡粉10g
蘭姆酒10g

愛爾蘭乳酪餡
吉利乳酪1000g
細砂糖180g
酸奶200g
鮮奶油400g
蛋白200g
愛爾蘭奶酒80g

表面巧克力麵糊
巧克力醬30g
咖啡乳酪麵糊30g

＊帶咖啡香味的咖啡酒（KAHLUA），
可增添風味香氣。

使用器具
66cm×46cm烤盤2個
6寸慕斯圈 6個

作法

餅乾底

01 奶油隔水加熱融化加入餅乾屑、糖粉充分拌勻，倒入慕斯圈中，鋪平底部按壓均勻，冷凍定型。

咖啡乳酪餡

02 奶油乳酪攪拌至光滑，加入細砂糖、海藻糖攪拌均勻。

03 全蛋加入玉米粉拌勻，慢慢加入【步驟2】中拌勻，加入鮮奶油拌勻。

04 接著將咖啡粉、蘭姆酒、咖啡酒混合拌勻後加入【步驟3】中混合拌勻。

05 倒入鋪好餅乾底的模具中，放入上火180℃／下火130℃烤箱中，烤約25分鐘，至表面不會黏手即可。

愛爾蘭乳酪餡

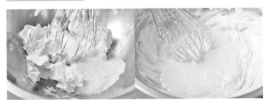

06 奶油乳酪攪拌至光滑，加入細砂糖攪拌均勻，再加入酸奶、鮮奶油拌勻，加入蛋白、愛爾蘭奶酒拌勻（添加蛋白可增加Q彈口感）。

烘烤組合

07 **表面巧克力麵糊**。將巧克力醬加入咖啡乳酪麵糊（約30g）混合拌勻即可。

08 將愛爾蘭乳酪麵糊倒入烤好的【步驟5】中至8分滿，表面擠上螺旋狀巧克力麵糊，用竹籤拉畫出紋路，形成大理石紋，放入上火165℃／下火130℃烤箱中，烤約25分鐘。

黑爵可可榛果乳酪

HAZELNUT CHOCOLATE
CHEESE CAKE

使用OREO巧克力餅乾做底層及圍邊，
香甜微苦味的巧克力餅乾底層，
與濃郁滑順的巧克力乳酪層，
加上酥脆的榛果巧克力，絕妙的平衡口感，
以可愛漿果點綴帶出氣息，
濃情、口感層次豐富的夢幻逸品。

材料 （6個份）

OREO餅乾底
OREO餅乾屑1200g
無鹽奶油100g

巧克力乳酪餡
A 燈塔乳酪1500g
　 蛋黃66g
　 鮮奶油270g
　 巧克力（66%）450g
　 玉米粉15g
　 可可粉75g
B 蛋白160g
　 細砂糖75g

榛果巧克力
榛果醬80g
巧克力100g
巴芮脆片200g

＊巴芮脆片

使用器具
66cm×46cm烤盤2個
6寸慕斯圈 6個

作法

OREO餅乾底

01 奶油隔水加熱融化加入餅乾屑充分拌匀。

02 將【步驟1】倒入慕斯圈中，由側面周圍輕按成均匀厚度，再沿著底部按壓鋪平，冷凍定型。

榛果巧克力

03 將巧克力、榛果醬隔水加熱融化混合拌匀，加入巴芮脆片拌匀，待冷卻。

巧克力乳酪餡

04 蛋黃麵糊。巧克力邊隔水加熱邊拌至融化（約45℃）。

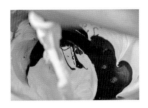

05 將奶油乳酪攪拌光滑，加入蛋黃拌匀，加入玉米粉混合拌匀。

06 再將【步驟4】慢慢加入【步驟5】中拌匀，加入鮮奶油拌匀。

07 蛋白霜。蛋白打發至成堅挺的硬性發泡（8分發）（打法參見P18）。將蛋白霜分次加入蛋黃麵糊，以切拌方式混合拌匀，加入過篩可可粉拌匀（可可粉後加可加強表面裂紋，提高蓬鬆度）。

烘烤組合

08 將巧克力乳酪麵糊倒入鋪好餅乾底的模具中，再鋪上榛果巧克力抹匀，最後再倒入巧克力乳酪麵糊、抹平表面。

09 放入上火190℃／下火130℃烤箱中，以隔水加熱（水浴法），烤約45分鐘，取出待冷卻、脫模，以榛果巧克力圍邊裝點。

巧克力童夢
CHOCOLATE CAKE

半球型可愛的巧克力乳酪體，以鮮奶、乳酪製作不加奶油，
質地細滑、清新奶香，百分百的濃純滋味，
冷藏後食用，口感細緻輕柔有如冰淇淋慕斯般的香滑輕柔，入口即化。

材料 （5個份）

巧克力乳酪體

A 巧克力（66%）140g
　 鮮奶460g
　 北海道乳酪200g

B 蛋黃300g
　 鮮奶油80g
　 細砂糖80g
　 玉米粉40g
　 低筋麵粉160g
　 可可粉40g

C 蛋白840g
　 細砂糖340g
　 海藻糖90g
　 鹽2g
　 蛋白粉5g

表面用材料

深黑巧克力
可可粉

使用器具

6寸（直徑16cm）
童夢蛋糕模

作法

巧克力乳酪體

01 蛋黃麵糊。巧克力隔水加熱融化，加入煮溫熱的鮮奶拌勻，加入過篩可可粉拌勻，再加入攪拌軟化的乳酪混合拌勻。

02 將蛋黃、細砂糖、鮮奶油拌勻，再加入【步驟1】混合拌勻。

03 再加入混合過篩的低筋麵粉、玉米粉拌勻至無粉粒。

04 蛋白霜。將1/2份量細砂糖、海藻糖、鹽加入蛋白中攪拌打至濕性發泡，再將剩餘細砂糖分次加入攪拌打發（約8分發）。

05 將蛋白霜分次加入【步驟3】蛋黃麵糊，以切拌的方式混合拌勻。

烘烤組合

06 將烤盤鋪放上乾淨抹布，加入水，放上噴好烤盤油的烤模。

07 將巧克力乳酪麵糊倒入模具內至約8分滿，放入上火190℃／下火150℃烤箱中，以隔水加熱（水浴法），烤約40分鐘。

08 待冷卻、脫模，在表面擠上融化巧克力裝點，半邊篩入可可粉。

老爺爺乳酪蛋糕
PLAIN CHEESE CAKE

奢侈的使用乳酪、發酵奶油及蛋黃，
使得味道格外的濃郁，
濃厚、細緻，口感濕潤，滑順口感令人難忘，
美味重點在於乳酪的仔細混合攪拌，
並以低溫隔水加熱，慢慢隔水烘烤。

（變化版）
帕瑪森
乳酪蛋糕

材料 （13個份）

乳酪蛋糕體

A 北海道乳酪900g
　發酵奶油500g
　鮮奶300g
　蛋黃900g
　低筋麵粉200g
　玉米粉100g
B 蛋白1120g
　細砂糖600g

表面用材料

糖粉

使用器具

66cm×46cm烤盤2個
6寸蛋糕模13個

作法

乳酪蛋糕體

01　蛋黃麵糊。鮮奶、奶油乳酪、發酵奶油，邊攪拌邊隔水加熱融化，保持溫度於50℃備用。

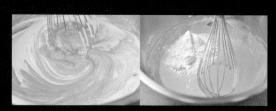

02　將蛋黃（450g）加入【步驟1】中，邊攪拌邊隔水加熱至微溫約38℃，加入過篩低筋麵粉、玉米粉拌勻，加入剩下的蛋黃（450g）攪拌均勻。

03　蛋白霜。將蛋白加入細砂糖打到濕性發泡狀6分發。

04　取部分【步驟2】蛋黃麵糊加入【步驟3】蛋白霜中先混合，再加入剩餘的蛋黃麵糊中切拌混合拌勻。

烘烤組合

05　將模型薄抹上奶油，再倒入乳酪麵糊至6-7分滿，放入上火200℃／下火130℃烤箱中，以隔水加熱（水浴法）烤約40分鐘。

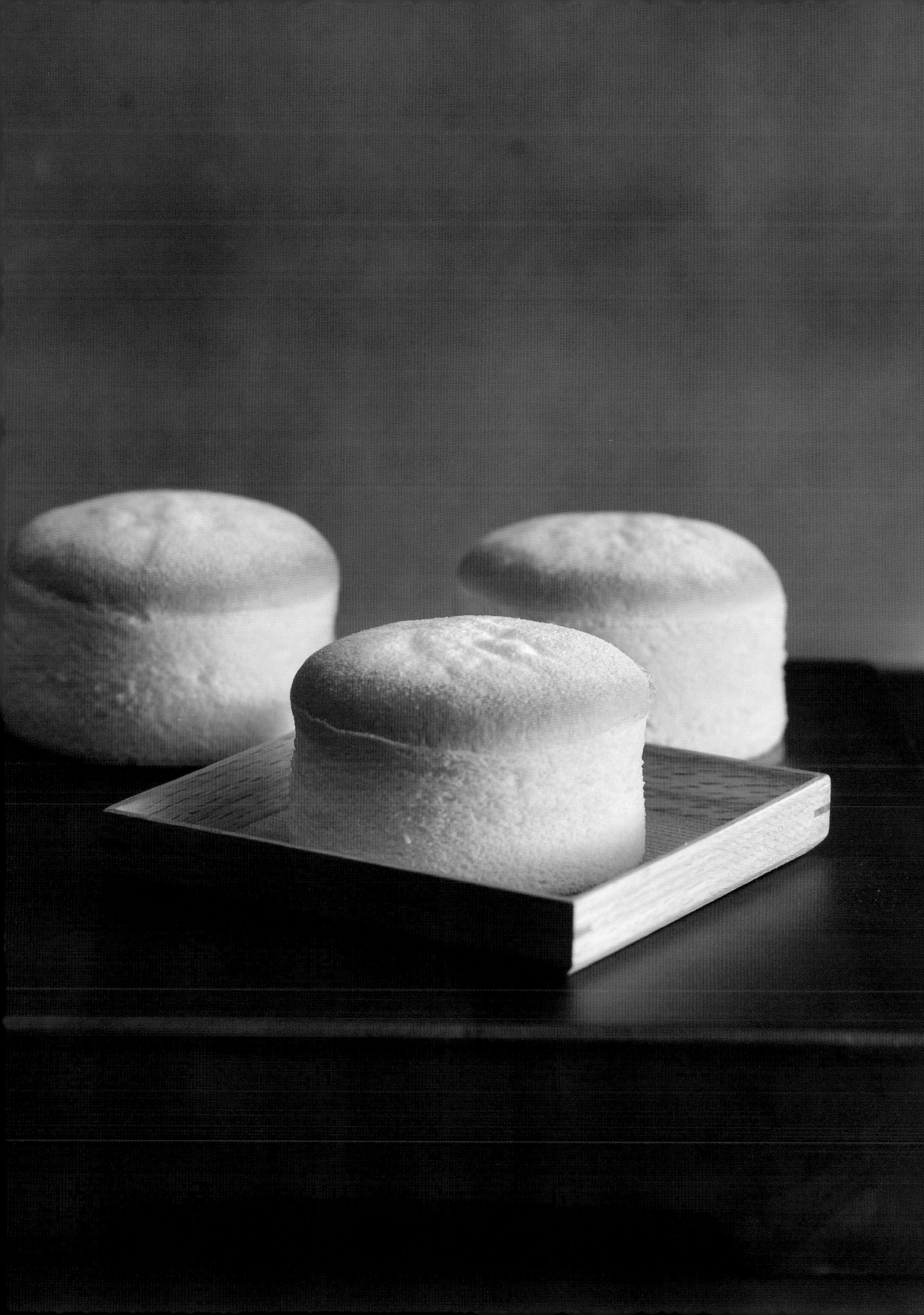

細雪乳酪天使圈
ANGEL CHEESE CAKE

軟綿Q彈的口感，
有別於一般蛋糕體的口感質地，
正如其名是一款入口綿密、細緻化口，
口感特別的魅力甜點。
帶著清爽乳酸味，表層雪白糖粉粉飾，
極簡的經典美味！

（無麩版）
無麩細雪
乳酪蛋糕

作法

乳酪蛋糕體

01 蛋黃麵糊。鮮奶、奶油乳酪隔水加熱攪拌融化（約50℃），加入鮮奶油拌勻。

02 接著加入混合過篩的低筋麵粉、玉米粉拌勻（先加入混合的粉類拌勻較不會形成結粒的狀況）。

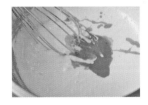

03 再加入混合攪拌均勻蛋黃、細砂糖、鹽，邊攪拌邊隔水加熱至微溫約38℃，加入檸檬汁拌勻。

04 蛋白霜。將蛋白加入1/2份量細砂糖打至發泡，再分次加入剩下的細砂糖打發（約6分發）。

05 將蛋白霜分次加入蛋黃麵糊，以切拌的方式混合拌勻。

烘烤組合

06 將模型噴上烤盤油後用手塗抹均勻。

07 將乳酪麵糊倒入模具內至8分滿，放入上火190℃／下火140℃烤箱中，以隔水加熱（水浴法）烤約25分鐘。

千層乳酪蛋糕
MILLE CHEESE CAKE

將乳酪混入在蛋糕麵糊裡，
一層一層慢工烘烤，
8層的堆層，層疊出恰到好處的香甜厚度，
綿密細緻，醇厚濃郁，
層次分明的外型相當的美觀。

材料　（1盤份）

乳酪蛋糕體

A 發酵奶油1102g
　　奶油262g
　　日本三吉白油210g
　　糖粉315g

B 蛋黃2835g
　　香草油15g
　　糖粉378g
　　低筋麵粉336g

C 北海道乳酪289g
　　蜂蜜70g
　　海鹽3g

使用器具

66cm×46cm烤盤1個
60cm×40cm慕斯鐵框1個

作法

乳酪蛋糕體

01 發酵奶油、奶油、白油攪拌成乳霜狀，加入過篩糖粉攪拌至呈乳白霜狀。

02 將蛋黃、糖粉、香草油攪拌至6分發，分次慢慢加入【步驟1】中攪拌均勻至呈光滑狀，加入過篩低筋麵粉拌勻（要特別注意溫度，溫度過低，麵糊乳化容易分離）。

03 奶油乳酪、蜂蜜、海鹽邊攪拌邊隔水加熱至融化，保持溫度於32℃。

04 取部分【步驟2】先加入【步驟3】中混合拌勻，再加入剩餘的【步驟2】中混合拌勻。

烘烤組合

05 將拌勻的麵糊倒入鋪好烤焙布的烤盤中（每層約700g）、抹平，放入上火210℃／下火140℃烤箱中，烤約7-8分鐘。

06 取出倒入第二層麵糊、抹平、烘烤，依法重複操作，共烤8層、分切成長塊狀。

 Point 每層烤焙的時間要縮短抹的時間，才不會消泡後產生油膩感。

和三盆糖蛋糕卷

WASANBON CAKE ROLL

以帶有甘潤甜美滋味的和三盆糖製作蛋糕體，
搭配馬斯卡彭加煉乳做成的極致香緹內餡，
清爽又高雅的風味口感，極具無限的魅力！

（變化版）
日式
生乳捲

材料 （1盤份）

蛋糕體

A 蛋黃300g
　和三盆糖40g
　蜂蜜40g
　低筋麵粉175g

B 蛋白400g
　海藻糖40g
　和三盆糖105g
　鹽2g

C 沙拉油42g
　鮮奶95g

乳酪香緹餡

馬斯卡彭170g
煉乳80g
鮮奶油700g
細砂糖30g

使用器具

62cm×43cm烤盤1個

作法

蛋糕體

01 蛋黃麵糊。 將蛋黃、和三盆糖、蜂蜜邊隔水加熱打發至約30℃，繼續打發至整體膨脹。

02 將鮮奶、沙拉油拌勻隔水加熱至微溫，保持溫度於50℃。

03 蛋白霜。 將蛋白加入1/2份量和三盆糖、海藻糖、鹽打發至濕性發泡狀（舀起時帶有微微的尖角，6分發），加入剩下和三盆糖打發至成堅挺的硬性發泡（9分發）。

04 將蛋白霜分次加入【步驟1】蛋黃麵糊，以切拌的方式混合拌勻，再平均分布的加入過篩麵粉，由底輕輕翻拌均勻至無粉粒，加入【步驟2】拌勻。

05 將拌勻的乳酪麵糊倒入鋪好烤焙紙的烤盤中、抹平，放入上火190℃／下火140℃烤箱中，烤約15分鐘。

乳酪香緹餡

06 馬斯卡彭、煉乳攪拌均勻。鮮奶油、細砂糖攪拌打至6分發。將打發鮮奶油與拌勻乳酪混合拌勻。

夾餡組合

07 將蛋糕體切成二片（長約32cm），抹上乳酪香緹，用木板從後連同烤焙紙平壓、向上拉提、推捲至底，壓緊前端，捲成的的形狀，將蛋糕略固定、冷藏定型。（捲法參見P56-57）

乳酪栗子蛋糕卷
CHESTNUT CHEESE CAKE ROLL

滑潤的奶油乳酪加入蛋糕麵糊，呈現綿密細緻的質地口感，
順口的乳酪香緹餡搭配上鬆軟香甜的甘栗，出奇的對味，
帶有栗子香氣，濃濃日式風情的乳酪蛋糕卷。

材料 （2盤份）

蛋糕體

A 北海道乳酪440g
　　鮮奶油100g
　　葡萄籽油120g

B 蛋黃560g
　　細砂糖160g
　　海藻糖60g

C 低筋麵粉180g
　　卡士達粉44g

D 蛋白560g
　　細砂糖180g

乳酪香緹餡

A 鮮奶250g
　　香草醬1g

B 蛋黃70g
　　細砂糖42g
　　卡士達粉15g
　　北海道乳酪225g
　　吉利丁片6g

C 鮮奶油600g
　　細砂糖40g

表面、夾餡用材料

杏仁粉、栗子適量

使用器具

62cm×43cm烤盤2個

＊栗子

作法

蛋糕體

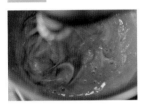

01 蛋黃麵糊。將蛋黃、細砂糖、海藻糖邊攪拌邊隔水加熱打發至約30℃，繼續打發至整體膨脹。

02 將乳酪攪打至柔滑狀，加入鮮奶油、葡萄籽油攪拌混合均勻。

03 將【步驟1】加入【步驟2】中混合拌勻，再均勻分布加入混合過篩低筋麵粉、卡士達粉拌勻至光滑。

04 蛋白霜。將蛋白打發至成堅挺的硬性發泡（8分發）（打法參見P18）。將蛋白霜分次加入【步驟3】蛋黃麵糊，以切拌的方式混合拌勻。

05 倒入鋪好烤焙紙的烤盤中，抹平，表面撒上杏仁粉，放入上火190℃／下火140℃烤箱中，烤約18分鐘。

乳酪香緹餡

06 細砂糖、卡士達粉混合拌勻，加入蛋黃攪拌均勻。

07 將鮮奶、香草醬煮沸，沖入到【步驟6】中拌勻，再回煮邊加熱邊拌至濃稠狀。

08 再加入乳酪拌勻，加入浸泡軟化吉利丁攪拌至融合待冷卻。

09 將鮮奶油、細砂糖攪拌打至8分發，加入【步驟8】中輕混拌勻。

夾餡組合

10 將蛋糕體切成二片，抹上乳酪香緹、鋪放栗子，用木板從後連同烤焙紙平壓、向上拉提、推捲至底，壓緊前端，捲成圓形狀，冷藏定型。（捲法參見P56-57）

CHEESE CAKE

49

舒芙蕾蛋糕卷

SOUFFLE CAKE ROLL

加入打發蛋白，製作出濕潤、鬆軟的綿密口感，
中間以滑順乳酪卡士達餡調製香緹做為夾層捲製，
呈現不同於一般乳酪蛋糕的稍縱即逝的美味。

材料 （2盤份）

蛋糕體

A 蛋黃290g
　　細砂糖160g
　　奶油135g
　　鮮奶45g
　　低筋麵粉150g
B 蛋白500g
　　細砂糖165g
　　蛋白粉3g

乳酪卡士達餡

A 鮮奶250g
　　香草醬4g
B 蛋黃50g
　　細砂糖70g
　　低筋麵粉14g
　　玉米粉14g
　　北海道乳酪20g
C 鮮奶油160g

鮮奶油霜

鮮奶油600g
細砂糖30g
煉乳40g
水果酒10g

使用器具

62cm×43cm烤盤2個

作法

蛋糕體

01 蛋黃麵糊。將蛋黃、細砂糖邊攪拌邊隔水加熱打發至約30℃，繼續打發至整體膨脹。

02 將奶油攪打至柔滑狀，加入鮮奶隔水混合拌勻，保溫70℃。再加入【步驟1】混合拌勻。

03 蛋白霜。細砂糖、蛋白粉混合拌勻，加入蛋白中攪拌打發至濕性發泡狀，轉中速，打發至成堅挺的硬性發泡。

04 取1/3【步驟2】加入蛋白霜拌勻，再加入過篩低筋麵粉輕輕混合拌勻，最後加入剩下【步驟2】混合拌勻。

05 倒入鋪好烤焙紙的烤盤中、抹平，放入上火190℃／下火140℃烤箱中，烤約15分鐘。

乳酪卡士達餡

06 細砂糖、低筋麵粉、玉米粉混合均勻，加入蛋黃攪拌均勻。

07 將鮮奶、香草醬煮沸後沖入到【步驟6】中，邊加熱邊拌至呈濃稠狀，加入乳酪拌勻，待冷卻，加入打發的鮮奶油拌勻。

鮮奶油霜

08 水果酒、煉乳攪拌均勻。鮮奶油、細砂糖攪拌打至6分發。將打發鮮奶油與拌勻煉乳混合拌勻。

夾餡組合

稍塗厚

09 將蛋糕體切成二片，將烤色面朝上，塗抹上鮮奶油霜、開始端處稍塗厚，再擠上乳酪卡士達餡，捲成の字形狀。（捲法參見P56-57）

栗子南瓜乳酪卷

PUMPKIN CHEESE CAKE ROLL

將南瓜粉大量的加入在蛋糕麵糊中，做成金黃的色調，
表面鑲嵌著栗子南瓜片點綴，中間夾上滑順南瓜香緹餡、蜜花豆，
保留南瓜的自然色澤與原始香甜風味，綿密細緻，美味兼具。

材料 （4條／18cm）

蛋糕體

A 蛋黃360g
細砂糖168g
水440g
鮮奶144g
葡萄籽油180g
南瓜粉110g
低筋麵粉380g

B 蛋白540g
細砂糖288g
蛋白粉6g

C 栗南瓜片（蒸過）400g

南瓜香緹奶油霜

A 鮮奶550g
蛋黃166g
水210g
細砂糖132g
南瓜粉50g
低筋麵粉54g
北海道乳酪200g

B 鮮奶油650g

C 蜜花豆180g

使用器具

62cm×43cm烤盤2個

＊台日南瓜粉吸水率有差別，台灣南
瓜粉吸水性約3倍，日本南瓜粉吸
水性約5倍。

作法

蛋糕體

01 蛋黃麵糊。 將蛋黃、細砂糖邊攪拌邊隔水加熱打發至約30℃，繼續打發至整體膨脹。

02 將鮮奶、水、葡萄籽油加熱混合拌勻，加入混合過篩低筋麵粉、南瓜粉拌勻。

Point 南瓜粉先與低筋麵粉乾拌混合均勻後使用較不會有結粒的情形。

03 將【步驟1】加入【步驟2】中，混合拌勻至光滑狀。

04 蛋白霜。 將蛋白打發至成堅挺的硬性發泡（8分發）（打法參見P18）。將蛋白霜分次加入蛋黃麵糊中，以切拌的方式混合拌勻。

05 將蒸熟的南瓜片平均鋪放烤盤上，倒入蛋糕麵糊、抹平，放入上火190℃／下火140℃烤箱中，烤約18分鐘。

南瓜香緹奶油霜

06 細砂糖、低筋麵粉、南瓜粉混合拌勻，加入蛋黃、水攪拌均勻。

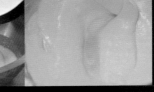

07 鮮奶加熱煮沸後加入到【步驟6】中，再回煮邊加熱邊攪拌至呈濃稠狀，加入乳酪拌勻，待冷卻，加入打發鮮奶油輕拌混勻。

夾餡組合

08 將蛋糕體切成二片，抹上南瓜香緹奶油霜、撒上蜜花豆，用木板從後連同烤焙紙平壓、向上拉提、推捲至底，壓緊前端，捲成圓形狀，將蛋糕略固定、冷藏定型。（捲法參見P56-57）

莓果甜心乳酪卷
BERRY CHEESE CAKE ROLL

添加紅麴粉做成粉紅色澤的甜心系蛋糕體；
夾層捲進香甜濃郁的莓果奶油餡，漂亮又優雅，
美麗的螺旋紋增添了柔美的氣息，相當討人喜愛。

材料 （2盤份）

蛋糕體

A 杏仁膏130g
北海道乳酪100g
蛋黃365g
全蛋408g
糖粉65g
鹽1.7g

B 蛋白298g
細砂糖256g

C 奶油145g
鮮奶75g

D 紅麴粉15g
杏仁粉150g
片栗粉 40g
低筋麵粉100g

莓果奶油餡

A 細砂糖 90g
水45g
蛋黃70g
奶油450g

B 莓果果醬200g
白蘭地20g
橙酒15g

使用器具

60cm×40cm烤盤2個

＊莓果奶油餡

作法

蛋糕體

01 **蛋黃麵糊**。將杏仁膏加入部分蛋黃先壓拌均勻，再加入乳酪攪拌混合均勻。

02 將【步驟1】加入其餘的所有材料A攪拌打發。

03 **蛋白霜**。將1/2份量細砂糖加入蛋白中攪拌至濕性發泡狀（6分發），再將剩餘細砂糖分次加入攪拌至成堅挺的硬性發泡（8分發）。

04 將蛋白霜加入【步驟2】蛋黃麵糊，以切拌的方式混合拌勻，再加入混合過篩的材料D拌勻。

05 取部分【步驟4】加入隔水融化的材料C（約80℃）先拌勻至乳化，再加入剩餘的【步驟4】中混合拌勻。

06 將麵糊倒入鋪好烤焙紙的模型中、抹平，放入上火190℃／下火180℃烤箱中，烤約18分鐘。

莓果奶油餡

07 細砂糖、水加熱至118℃，做成糖漿。將蛋黃攪拌微發加入糖漿攪拌打發，待降溫60℃，加入軟化的奶油攪拌打發至顏色泛白，加入材料B拌勻。

夾餡組合

08 將蛋糕體烤色面朝上，表面塗抹莓果奶油餡，開始端處劃切刀痕，用木板從後連同烤焙紙平壓、向上拉提、推捲至底，壓緊前端，捲成捲成螺旋狀。（捲法參見P56-57）

關於蛋糕卷的ABC

作法

蛋糕卷的捲法A：向內捲／の字形卷

01 蛋糕體抹餡，用木板從開始端連同烤焙紙一起拉起來平壓。

02 輕輕向上拉提，開始端的接合面壓在蛋糕體面。

03 在提起的狀態壓住開始捲處順勢推捲至底。捲好後輕輕按壓，使其固定。

作法

蛋糕卷的捲法B：向內捲／螺旋卷

01 蛋糕體塗滿內餡，在距離前端1/3處平均鋪放栗子。

02 用木板從開始端連同烤焙紙一起拉起來平壓。

03 輕輕向上拉提，均勻地壓在蛋糕體面。

作法

蛋糕卷的捲法C：向外捲／螺旋卷

01 將蛋糕體烤色面朝上，塗滿莓果奶油餡。

02 在開始端處淺劃幾刀切痕。

03 用木板從開始端連同烤焙紙一起拉起來平壓。

蛋糕卷可分成向內捲（烤色部分在內側）和向外捲（烤色部分在外側）外，
成型的捲製法又有螺旋狀、の字形狀的不同。

（示範：和三盆糖蛋糕卷）

04 按住底紙，拉緊，成の字形狀，接合側朝底，冷藏定型。

（示範：乳酪栗子蛋糕卷）

04 在提起的狀態壓住開始捲處順勢推捲至底。

05 捲好後輕輕按壓，使其固定。

06 按住底紙，拉緊，成螺旋圓狀，接合側朝底，冷藏定型。

（示範：莓果甜心乳酪卷）

04 輕輕向上拉提，均勻地壓在蛋糕體面。

05 在提起的狀態壓住開始捲處順勢推捲，推捲至底。

06 按住底紙，拉緊，捲成螺旋狀，接合側朝底，冷藏定型。

結合製作的工序手法、巧妙融合素材賦予變化，
呈現不同於一般乳酪蛋糕的新鮮體驗。
造型乳酪甜點、可愛小蛋糕風、裝在杯中甜點…
是提引食材原味，簡單卻又深奧的乳酪糕點。

2

新食口感乳酪糕點

絹の乳酪蛋糕
SOUFFLE CHEESE CAKE

在日本是以絹布包覆，故名絹の乳酪蛋糕。
以蛋糕為底層，加入打發蛋白的濕潤乳酪蛋糕，
隔水烘烤，呈現出不同於乳酪蛋糕的美味。
蛋白含量高，乳酪體口感綿密膨鬆，
香濃清爽，入口即化的不平凡風味。

材料 （6個份）

海綿蛋糕（烤盤／1）

全蛋500g
蛋黃50g
細砂糖187g
海藻糖100g
無鹽奶油72g
鮮奶45g
低筋麵粉210g

乳酪餡

A 蛋黃100g
　　鮮奶油150g
　　香草精2g
　　細砂糖50g
　　玉米粉43g
　　低筋麵粉43g
　　鮮奶625g
　　十勝乳酪500g

B 蛋白400g
　　細砂糖100g
　　蛋白粉4g

＊奶油乳酪的使用不限，皆可使用。

使用器具

66cm×46cm烤盤2個
6寸（直徑16 cm）蛋糕模6個

作法

海綿蛋糕

01 海綿蛋糕作法參見P24。

乳酪餡

02 蛋黃麵糊。鮮奶油、蛋黃、香草精、細砂糖拌勻，加入混合過篩的低筋麵粉、玉米粉混合拌勻。

03 鮮奶用中火加熱煮至沸騰冒泡後，轉小火加入【步驟2】拌勻，再加熱回煮，持續攪拌避免焦底，此時蛋黃卡士達醬會越來越濃稠，持續攪拌至濃稠滑順，熄火，加入乳酪拌勻。

04 蛋白霜。將細砂糖、蛋白粉混勻後加入蛋白中，攪拌打至濕性發泡，再轉中速攪拌約20秒（約5-6分發）。

05 將蛋白霜分次加入【步驟3】蛋黃麵糊，以切拌的方式混合拌勻。

烘烤組合

06 模型用烤焙紙圍邊。將海綿蛋糕用切模壓切成圓形片，鋪放模型底部，再擠入乳酪餡至8分滿，放入上火190℃／下火130℃烤箱中，以隔水加熱（水浴法）烤約30分鐘。

 Point 烘烤至周圍表面出現有裂痕即表示OK。

檸檬雪融乳酪蛋糕
LEMON CHEESE CAKE

清香檸檬與北海道乳酪的美味雙重奏。
溫潤蛋糕搭配香濃輕盈的乳酪餡,
外圍以爽口乳酪香緹混搭蛋糕屑,
輕盈爽口,雪融般化口的幸福滋味!

材料 （6個份）

海綿蛋糕（烤盤／2）	乳酪餡	乳酪香緹鮮奶油	完成用材料
蛋黃416g	**A** 北海道乳酪900g	鮮奶油475g	蛋糕屑
蛋白624g	煉乳180g	細砂糖25g	
上白糖380g	蛋黃140g	煉乳35g	**使用器具**
海藻糖104g	鮮奶油900g	北海道乳酪63g	66cm×46cm烤盤2個
低筋麵粉330g	低筋麵粉90g		6寸（直徑16cm）慕斯框6個
鮮奶150g	檸檬汁120g		
無鹽奶油65g	**B** 蛋白310g		
	細砂糖260g		

作法

海綿蛋糕

01 海綿蛋糕作法參見P24。將蛋糕麵糊倒入鋪好烤焙紙的烤盤中，放入上火190℃／下火160℃烤箱中，烤約15分鐘，放涼。將蛋糕切小塊用調理機打碎成蓬鬆狀備用。

乳酪餡

02 蛋黃麵糊。乳酪、煉乳攪拌成乳霜狀，加入過篩的低筋麵粉混合拌勻。

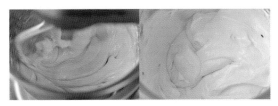

03 將蛋黃慢慢加入【步驟2】中拌勻，加入鮮奶油拌勻，再加入檸檬汁混合拌勻。

04 蛋白霜。將蛋白加入1/2份量細砂糖打發至濕性發泡狀，再分次加入剩下的細砂糖打發至成堅挺的硬性發泡。

05 將蛋白霜分次加入【步驟3】蛋黃麵糊，以切拌的方式混合拌勻至光滑狀。

乳酪香緹鮮奶油

06 鮮奶油、細砂糖攪拌打至約6分發起泡。將乳酪、煉乳混合拌勻後，加入打發鮮奶油中輕拌混勻即可。

烘烤組合

07 將蛋糕屑（或用切模壓切成厚約0.3cm圓形片）鋪在模型底部，再倒入乳酪餡至8分滿、抹平，放入上火190℃／下火130℃烤箱中，以隔水加熱（水浴法），烤約40分鐘。

08 用乳酪香緹鮮奶油在蛋糕表面及側邊塗抹勻勻，沾裹勻蛋糕屑黏貼均勻。

雪藏莓果乳酪

YOGUAT&BERRY CHEESE CAKE

加入酸奶打造乳酪體輕盈口感，搭配香氣十足的莓果醬，
再淋上帶酸甜優格淋面，提顯整體的層次風味，
充滿豐富果香香氣，真夏的香甜滋味！

材料 （5個份）

餅乾底	乳酪餡	優格淋面	完成用材料
奇福餅乾屑300g	鐵塔乳酪1680g	鮮奶油35g	草莓覆盆子醬→P68
糖粉27g	細砂糖420g	細砂糖20g	檸檬皮屑
奶油100g	酸奶288g	吉利丁2.5g	
	全蛋56g	酸奶166g	**使用器具**
	檸檬汁28g	優格66g	6寸（直徑16 cm）
	玉米粉20g	檸檬汁10g	圓形模框5個
	蛋黃168g		
	鮮奶油28g		

作法

餅乾底

01 將奶油隔水加熱融化（約60℃），加入混勻的糖粉、餅乾屑混合拌勻，倒入模型中鋪平，按壓緊實、冷藏，備用。

乳酪餡

02 乳酪、細砂糖、玉米粉混合攪拌均勻，加入酸奶拌勻，刮缸底部混合均勻。

03 再分次加入蛋黃、全蛋攪拌均勻，最後加入鮮奶油拌勻，加入檸檬汁拌勻。

04 在餅乾底上倒入乳酪餡至約9分滿、抹平，放入上火170℃／下火130℃烤箱中，以隔水加熱烘烤45分鐘。

優格淋面

05 將鮮奶油、細砂糖加熱煮至60℃至糖融化，加入泡好冰水軟化的吉利丁拌勻，再加入酸奶、優格及檸檬汁拌勻。

組合完成

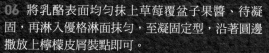

06 將乳酪表面均勻抹上草莓覆盆子果醬，待凝固，再淋入優格淋面抹勻，至凝固定型，沿著圓邊撒放上檸檬皮屑裝點即可。

草莓之丘乳酪蛋糕
STRAWBERRY CHEESE CAKE

甜心粉紅色調的草莓乳酪蛋糕！
雪白乳酪蛋糕體，以粉紅草莓鮮奶油霜飾，
內有果香十足莓果夾餡與香醇乳酪層，
綴以繽紛莓果裝點，酸甜迷人的愛戀滋味。

草莓之丘乳酪蛋糕

材料 （6個份）

餅乾底
奇福餅乾800g
糖粉50g
奶油350g

草莓覆盆子醬
草莓果泥200g
覆盆子果泥300g
細砂糖175g
NH果膠粉12g
檸檬汁10g

乳酪奶黃醬
鮮奶500g
香草棒1/2支
蛋黃140g
細砂糖85g
玉米粉30g
北海道乳酪450g

乳酪慕斯
鮮奶126g
細砂糖32g
全蛋87g
細砂糖57g
北海道乳酪404g
吉利丁片10g
鮮奶油650g

草莓鮮奶油
鮮奶油640g
煉乳48g
細砂糖16g
草莓酒8g
草莓果泥160g

使用器具
6寸慕斯框6個

作法

餅乾底

01 奶油隔水加熱融化（約60℃），將奇福餅乾打細碎後加入融化奶油混合拌勻。

02 將【步驟1】由側面周圍輕按成均勻厚度，再沿著底部按壓鋪平，輕按壓緊實、冷凍定型，備用。

Point 模框底部可用烤焙紙或鋁箔紙沿著模邊折、包覆固定住。

草莓覆盆子醬

03 將草莓果泥、覆盆子果泥混合拌勻,加熱煮至60℃。

04 將NH果膠粉、細砂糖混合拌勻,再加入【步驟3】中拌勻,加熱煮煮沸,加入檸檬汁拌勻,待冷卻備用。

乳酪奶黃醬

05 鮮奶、香草籽及香草莢加熱煮沸,取出香草莢。

06 蛋黃、玉米粉、細砂糖攪拌均勻,加入【步驟5】拌勻,再回煮邊拌邊煮至約82℃濃稠狀,加入乳酪拌勻,待冷卻備用。

乳酪慕斯

07 鮮奶、細砂糖(32g)加熱煮沸。

08 將細砂糖(57g)加入全蛋中拌勻,加入【步驟7】,邊拌邊回煮至約82℃,離火,加入浸泡軟化吉利丁拌勻至完全融化,過篩。

09 再加入乳酪拌勻至柔滑狀,冰鎮,待降溫至約19℃,加入打發鮮奶油拌勻。

草莓鮮奶油

10 將鮮奶油、煉乳、細砂糖攪拌打至8分發,加入草莓酒、草莓果泥攪拌混合均勻。

烘烤組合

11 在餅乾底上擠入乳酪奶黃醬,倒入草莓覆盆子醬,再倒入乳酪慕斯餡至約9分滿,冷凍至凝固、定型。

12 用噴火槍加熱模邊取出慕斯,使邊緣軟化再壓取出。

13 表面用(蒙布花嘴)擠上草莓鮮奶油,用漿果裝飾即可。

櫻桃綺思蛋糕
CHERRY MOUSSE CAKE

層次分明的口感與色澤交疊相間，
餅乾底層、乳酪慕斯、酒漬櫻桃果凍餡，
加上輕盈口感的奶油霜餡，香甜不膩，巧妙雅致搭配，
白色優雅的鮮奶油霜飾，別有的夢幻與浪漫的想像！

材料 （1個份）

餅乾底
奇福餅乾250g
奶油83g

酒漬櫻桃凍
礦泉水500g
酒漬櫻桃汁117g
細砂糖83g
吉利丁片8片

乳酪慕斯
鮮奶500g
細砂糖100g
北海道乳酪333g
吉利丁片7片
鮮奶油667g

鮮奶油
鮮奶油213g
煉乳16g
細砂糖5g

完成用材料
藍莓、打發鮮奶油

使用器具
30×40慕斯框1個

作法

餅乾底

01 奶油隔水加熱融化（約60℃），將奇福餅乾屑打細碎後加入融化奶油混合拌勻，倒入模型中鋪平，輕按壓緊實、冷藏，備用。

酒漬櫻桃凍

02 將櫻桃汁、水、細砂糖攪拌均勻，加熱煮至60℃。將浸泡軟化的吉利丁加入煮熱的櫻桃汁中拌勻，倒入模型中，冷藏待定型。

乳酪慕斯

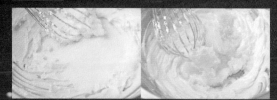

03 將乳酪先攪拌後加入細砂糖攪拌均勻，再加入浸泡軟化的吉利丁拌勻，加入溫熱的鮮奶混合拌勻。

04 再將【步驟3】隔冰水冷卻，待降溫至約19℃，加入打發鮮奶油拌勻。

鮮奶油

05 將鮮奶油、細砂糖攪拌至6分發，加入煉乳輕拌混合均勻即可。

整型組合

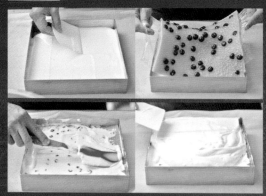

06 在鋪好餅乾底的模型中倒入1/3乳酪慕斯、抹平，再鋪放入酒漬櫻桃凍，最後再倒入1/3乳酪慕斯、抹平，冷凍至凝固、定型。切成片狀，表面擠上打發鮮奶油裝飾，用水果裝飾即可。

布紗百香蕾雅乳酪

PASSION FRUIT MOUSSE CAKE

緞帶般的可麗餅裡包覆著百香果、乳酪、蛋糕夾層，
熱帶水果的迷人果香，洋溢在乳酪慕斯間，層次多元，
色彩討喜，造型雅致，滋味獨特的乳酪慕斯甜點。

布紗百香蕾雅乳酪

材料 （24個份）

蛋糕體
發酵奶油200g
日本三吉白油30g
糖粉200g
蛋黃250g
杏仁粉125g
香草醬5g
奇福餅乾屑154g

百香果奶黃醬
百香果果泥300g
細砂糖200g
蛋黃90g
全蛋113g
吉利丁片5g
發酵奶油113g

蕾雅乳酪慕斯
A 鮮奶179g
　　細砂糖45g
B 細砂糖80g
　　全蛋123g
　　吉利丁片8g
C 吉利乳酪533g
　　鮮奶油785g
　　檸檬汁30g

法式可麗餅皮
鮮奶500g
低筋麵粉130g
細砂糖65g
鹽1g
全蛋210g
奶油35g
香草醬5g

完成用材料
打發鮮奶油、漿果

使用器具
直徑7cm圓球模24個
（或圓型模框）

作法

蛋糕體

01 奶油、白油攪拌至乳霜狀，加入糖粉攪拌至鬆發顏色呈微乳白色。

02 香草醬、蛋黃攪拌均勻，再加入【步驟1】中拌勻，再加入餅乾屑與杏仁粉混合拌勻。

03 倒入模型中抹平，放入上火190℃／下火180℃烤箱中烤40分鐘，至均勻上色。待冷卻，用圓形模框壓成圓片狀。

百香果奶黃醬

04 百香果泥加熱煮沸。

05 將蛋黃、全蛋、細砂糖攪拌均勻，加入【步驟4】攪拌均勻，再回煮邊拌邊煮至濃稠狀約83℃，加入浸泡軟化的吉利丁片拌勻。

06 再加入軟化奶油拌勻至融合，倒入均質機中均質。

蕾雅乳酪慕斯

07 將材料 A 加熱煮沸。

08 將材料B蛋、細砂糖攪拌均勻，加入【步驟7】，再回煮邊攪拌邊加熱至約82℃，離火，加入浸泡軟化吉利丁拌至融化，過篩。

09 再加入乳酪拌勻至柔滑狀，冰鎮待降溫至約19℃，加入檸檬汁拌勻，加入打發鮮奶油拌勻。

10 將百香果奶黃醬擠入鋪好蛋糕體的模型中至約5分滿，再擠入蕾雅乳酪慕斯至約9分滿，冷凍約6小時，待定型。

Point 也可以在擠入乳酪慕斯後鋪放芒果丁，倒入乳酪慕斯至9分滿，再鋪上蛋糕體，營造豐富的層次口感。

法式可麗餅皮

11 將細砂糖、鹽、低筋麵粉先混合拌勻，加入全蛋、香草醬拌勻。

12 將鮮奶、奶油加熱至約60℃，再加入【步驟11】混合拌勻，過濾。

13 平底鍋中火加熱，以紙巾擦拭薄抹油至微溫，倒入適量的麵糊，再快速搖晃平底鍋，讓麵糊順著鍋形均勻攤展開，煎成金黃色澤。

夾餡組合

14 脫模取出蕾雅乳酪慕斯，鋪放在可麗餅皮上，拉起可麗餅皮捏折包覆，疊折出皺摺壓合，接合處再擠上打發鮮奶油、用漿果裝點即可。

東京鮮奶布丁蛋糕
MILK PUDDING CAKE

軟綿蛋糕外層，內裡布滿香甜Q彈的卡士達布丁餡，
Q嫩的質地有如輕盈布丁般口感，香濃滑順，
爽滑不膩口，冷熱有著截然不同的口感風味，
簡單，卻不平凡的幸福滋味！

材料 （60個份）

蛋糕體

A 蛋黃450g
　香草醬12g
　細砂糖94g
　鮮奶油94g
　葡萄籽油94g
　低筋麵粉94g
　玉米粉94g

B 蛋白1000g
　細砂糖240g
　蛋白粉10g

卡士達布丁餡（用15g）

鮮奶400g
香草莢1支
蛋黃80g
細砂糖120g
低筋麵粉22g
玉米粉22g
發酵奶油25g
北海道乳酪150g

使用器具

62cm×43cm烤盤4個
擠花袋、花嘴

＊打發蛋白時添加蛋白粉可助於蛋白
　霜打得更堅挺。

作法

蛋糕體

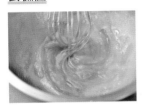

01 蛋黃麵糊。將鮮奶油、葡萄籽油、細砂糖，邊加熱邊攪拌均勻至微溫約60℃，加入部分的蛋黃及香草醬攪拌均勻。

02 再加入混合過篩好的粉類攪拌混合均勻，加入剩餘的蛋黃攪拌至光滑有流動性。

03 蛋白霜。將細砂糖、蛋白粉混合均勻後加入蛋白中攪拌打發至濕性發泡狀，轉中速再打約10秒。

04 取部分蛋白霜加入蛋黃麵糊先混合拌勻，再倒入剩下的蛋白霜中以切拌的方式混合拌勻。

05 將麵糊裝入擠花袋（圓形花嘴），在噴好烤盤油的烤盤上，擠出直徑約6cm的圓形麵糊，放入上火160℃／下火200℃烤箱中，烤約10分鐘。

卡士達布丁餡

06 細砂糖、低筋麵粉、玉米粉混合拌勻，加入蛋黃攪拌均勻。

07 鮮奶、香草籽及香草莢加熱煮沸後，加入【步驟6】中拌勻，過篩，再邊拌邊加熱至濃稠狀，加入發酵奶油、乳酪攪拌至融合即成。

夾餡組合

08 以二片組。將蛋糕中間擠入卡士達布丁餡，蓋上組合即可。

北海道泡芙蛋糕
CREAM PUFF CAKE

柔軟蓬鬆的泡芙蛋糕體，口感細緻，
夾層清爽的乳香滋味，
吃進嘴裡如細雪般輕柔化開，
香濃不膩口的乳酪餡，
完全提升蛋糕體的質感風味。

材料 （64個份）

蛋糕體
A 鮮奶200g
　　發酵奶油100g
　　北海道乳酪50g
　　蛋黃230g
　　香草醬2g
　　低筋麵粉90g
　　高筋麵粉90g
　　玉米粉50g
B 蛋白320g
　　細砂糖180g

乳酪奶霜餡（用15g）
A 北海道乳酪80g
　　煉乳45g
　　鮮奶油330g
B 卡士達餡適量→P76

完成用材料
蜜花豆

使用器具
66cm×46cm烤盤4個
擠花袋、花嘴

作法

蛋糕體

01 蛋黃麵糊。 鮮奶、奶油、乳酪邊拌邊加熱煮沸，加入混合過篩的粉類，邊拌邊加熱至糊化，再分次加蛋黃攪拌均勻。

 Point 每次加完蛋液，需均勻刮缸防止結粒。

02 接著加入香草醬攪拌至麵糊呈光滑有流動性，舀起麵糊呈倒三角形慢慢滑落的軟硬狀態。

03 蛋白霜。 將細砂糖加入蛋白中攪拌打發至成堅挺的硬性發泡（9分發）。

04 取部分蛋白霜先與蛋黃麵糊混合拌勻，再倒入剩餘蛋白霜中，以切拌的方式混合拌勻。

05 將麵糊裝入擠花袋，在鋪好烤焙紙的烤盤上擠出直徑約7cm、高約1cm圓形狀，放入上火210℃／下火140℃烤箱中，以隔水加熱，烤焙18分鐘。

夾餡組合

06 鮮奶油攪拌打至6分發，加入混合拌勻的乳酪、煉乳拌勻。

07 在兩片蛋糕中間擠入乳酪奶霜餡（約15g）、卡士達餡，蓋上組合即成。

芒果乳酪布雪
MANGO BOUCHEE

有如雪霜般細緻滑口的乳霜餡，夾在杏仁蛋糕體間，
搭配新鮮果粒，吃得到果香與果粒，香甜不膩，微酸不冽，
口感均衡分明又有層次感，別有的迷人滋味。

＊心形款

80

材料 （64個份）

蛋糕體

A 全蛋220g
　　蛋黃180g
　　細砂糖125g
　　杏仁粉125g
　　高筋麵粉125g
　　無鋁泡打粉2.5g
B 蛋白315g
　　細砂糖125g
　　蛋白粉4g

柳橙乳酪霜餡

A 鮮奶90g
　　細砂糖40g
　　檸檬皮1g
　　柳橙絲100g
B 蛋黃50g
　　細砂糖40g

C 吉利丁片10g
　　史密菲奶油乳酪450g
　　發酵奶油260g
　　帝諾白蘭地25.6g

*史密菲奶油乳酪SMITHFIELED
CREAM CHEESE，乳香濃
郁，酸度、鹹味均衡，滑順
不膩口，香氣柔順。

完成用材料

糖粉
芒果丁（夾餡用）

使用器具

66cm×46cm烤盤4個

作法

蛋糕體

01 全蛋、細砂糖攪拌打發，加入杏仁混合攪拌均勻，再分次加入蛋黃攪拌至全發。

02 蛋白粉、細砂糖混合拌勻，加入蛋白攪拌打發至硬性發泡。

03 取部分蛋白霜加入【步驟1】先混合拌勻，再加入剩下的蛋白霜中輕混拌勻，加入混合過篩的高筋麵粉、泡打粉輕拌至沒有粉粒，滑稠狀。

Point 蛋白霜易消泡，注意攪拌混合時間要縮短，力道要輕柔。

04 造型A。將蛋糕麵糊裝入擠花袋（圓形花嘴）在鋪好烤焙紙的烤盤中擠入直徑7cm×高1cm橢圓形，表面篩灑入糖粉。

05 造型B。在烤盤中擠入併合的水滴形呈心形狀，表面篩灑入糖粉，放入上火200℃／下火170℃烤箱中烤18分鐘。

柳橙乳酪霜餡

06 鮮奶、檸檬皮、細砂糖（40g）加熱煮沸。

07 將蛋黃、細砂糖（40g）拌勻，加入【步驟6】拌勻，邊攪拌邊回煮至82℃，離火，加入泡水軟化的吉利丁拌勻，過篩。

08 再加入乳酪攪拌至柔滑，加入柳橙絲拌勻，冰鎮待冷卻至19℃，加入打發奶油、白蘭地拌勻即可。

夾餡組合

09 將兩片蛋糕體中間夾上柳橙乳酪霜餡、中間鋪放芒果丁即可。

滑嫩爽口乳酪布丁

▲札幌布丁燒　▼和風豆乳布丁

▲雪白芙蓉乳酪布丁　▼莓果雪戀布丁

札幌布丁燒
CHEESE CAKE PUDDING

香甜而不膩的焦糖，搭配香滑順口的布丁液，
頂層覆以輕乳酪覆蓋，呈現不同於乳酪蛋糕的美味，
一次享受三種不同層次的美味口感。

CHEESE CAKE PUDDING

札榥布丁燒

材料（24個份）

焦糖粒

細砂糖400g
楓糖漿160g

布丁液

鮮奶790g
全蛋790g
鮮奶油250g
細砂糖250g
香草醬3g

乳酪燒

A 十勝乳酪90g
　鮮奶70g
　發酵奶油60g
　低筋麵粉24g
　玉米粉12g
　蛋黃100g
B 蛋白135g
　細砂糖70g

使用器具

深烤盤2個
直徑7cm耐烤布丁杯24個

作法

焦糖粒

01 細砂糖放入乾鍋中，以中火邊拌煮邊加熱煮至均勻焦色，慢慢加入楓糖漿拌勻，熬煮到出色深焦糖色。

06 接著加入混合過篩的玉米粉、低筋麵粉輕輕混合拌勻,再加入剩餘的蛋黃攪拌至光滑有流動性。

07 將細砂糖加入蛋白中攪拌打發至乾性發泡,加入【步驟6】以切拌的方式混合拌勻。

02 將【步驟1】均勻倒在矽膠布上冷卻、輕震碎裂,放入布丁杯中。

Point 粉類的部分也可以全用玉米粉來製作,口感較軟濕潤;製作時溫度要注意,加溫後讓粉熟化再加入蛋混合。

布丁液

03 全蛋、香草醬攪拌攪拌均勻。

烘烤完成

04 鮮奶、鮮奶油、細砂糖混合,隔水加熱至微溫約80℃,再加入到【步驟3】中混合拌勻,用濾網過篩均勻。

08 將布丁液注入焦糖布丁杯中、再擠入乳酪燒,放入上火190℃/下火140℃烤箱中,以隔水加熱(水浴法,水溫要夠熱約75℃)烤約30-40分鐘。

Point 布丁液溫度應保持在45℃較易熟,口感較好;隔水加熱的水溫保持在75℃。

焦糖粒中的楓糖漿,也可用等量的蜂蜜來代替製作。

乳酪燒

05 將乳酪、發酵奶油、鮮奶隔水加熱融化約50℃,加入部分蛋黃拌勻。

和風豆乳布丁
SOYA-BEAN MILK PUDDING

濃郁的原汁豆漿，搭配部分的鮮奶油調製，
蒸烤後的布丁，豆香濃郁，口感軟滑綿細，
佐以抹茶奶霜餡、蜜紅豆，香甜滑順不膩口。
夏日清爽的和風滋味！

材料 （24個份）

豆乳布丁液

A 無糖豆漿2000g
 鮮奶油600g
 北海道乳酪200g
 細砂糖160g
 水56g
 熟石灰粉16g

B 紅豆粒餡360g

抹茶奶霜餡

鮮奶油500g
細砂糖45g
煉乳30g
抹茶粉8g
抹茶酒28g

抹茶液

抹茶粉4g
細砂糖10g
抹茶酒10g

完成用材料

蜜紅豆粒適量
栗子24個
紅白藜麥（烤過）

使用器具

66cm×46cm烤盤1個
耐烤布丁杯（直徑5cm）24個

作法

豆乳布丁

01 將乳酪、細砂糖攪拌柔軟狀。

02 豆漿、鮮奶油混合均勻後加熱至約60℃，慢慢加入到【步驟1】中拌勻。

03 將水、熟石灰粉攪拌均勻後，加入【步驟2】中混合攪拌均勻至濃稠。

04 將紅豆餡（約20g）放入布丁杯中，再將豆乳布丁液過濾到布丁杯中。

05 相間隔排放烤盤上，放入上火150℃／下火140℃烤箱中，隔水烤約25分鐘。

Point 加入熟石灰粉水之前，注意溫度不能太高，否則容易分離。

抹茶奶霜餡

06 抹茶酒、抹茶粉攪拌均勻至無顆粒。

07 將鮮奶油、細砂糖攪拌打至濕性發泡（6分發），加入【步驟6】混合拌勻，再加入煉乳拌勻。

組合完成

08 將烤好的豆乳布丁表面擠上抹茶奶霜餡，擺放上蜜紅豆粒、栗子，再淋上抹茶液灑上紅白藜麥。

雪白芙蓉乳酪布丁
CHEESE PUDDING

（變化版）
香草
焦糖布蕾

北海道是以萃取大量白蛋黃製作，
色澤雪白而稱之。
加入大量的鮮奶、鮮奶油及煉乳製作，
風味誠如其名，
白淨無暇、濃醇美味、香滑柔嫩，
特濃醇香的乳酪布丁，
搭配微酸香甜的果風醬汁也很對味。

材料 （24個份）

焦糖

細砂糖400g
楓糖漿160g

布丁液

A 鮮奶2545g
　鮮奶油525g
　上白糖109g
　煉乳205g
　馬斯卡彭42g

B 全蛋590g
　細砂糖109g
　香草醬6g
　白蘭地8g

使用器具

66cm×46cm烤盤2個
直徑7cm耐烤布丁杯24個

作法

焦糖

01 細砂糖放入乾鍋中，以中火邊拌煮邊加熱煮至均勻焦色，慢慢加入楓糖漿拌勻，熬煮到出色深焦糖色。

02 將【步驟1】均勻倒在矽膠布上冷卻、輕震碎裂，放入布丁杯中。

布丁液

03 鮮奶油、上白糖混合，隔水加至微溫，保持溫度於80℃。

04 馬斯卡乳酪拌勻，加入全蛋、細砂糖攪拌至糖融化，加入煉乳拌勻。

05 將【步驟3】沖入到【步驟4】中混合拌勻，讓蛋的香味提顯出來，加入鮮奶拌勻，最後加入香草醬、白蘭地拌勻，用濾網過篩均勻。

烘烤完成

06 將布丁液注入至底層已放焦糖的布丁杯中至約8分滿，放入上火150℃／下火140℃烤箱中，以隔水加熱（水浴法）烤約40分鐘。

莓果雪戀布丁
STRAWBERRY PUDDING

在布丁中加入馬斯卡彭增加乳酪的濃郁風味。
搭配微酸香甜的草莓果醬與新鮮草莓,提升整體風味,
口感滑順Q軟,一款不管吃多少也不會膩的乳酪甜點。

材料 （10個份）

寒天雞蛋布丁

A 保久乳750g
  寒天PG10 7g
  細砂糖80g
B 馬斯卡彭100g
  蛋黃100g
  鮮奶油130g
  香草精2g

草莓果醬

草莓果泥100g
水100g
細砂糖40g
NH果膠粉2g

完成用材料

草莓（或蜜桃切丁）400g

＊寒天PG10的用量與市售凍果
　粉的比例約為1：3。

使用器具

66cm×46cm烤盤1個
保羅瓶10個

作法

寒天雞蛋布丁

01 蛋黃、馬斯卡彭、香草精攪拌至光滑無顆粒
狀，沖入煮沸1/2的保久乳拌勻。

02 寒天PG10、細砂糖混合拌勻。

03 將剩下1/2的保久
乳、鮮奶油加熱至約
60℃，再加入【步驟
2】邊拌邊煮至90℃。

04 將【步驟3】回沖到【步驟1】中混合拌勻至形
成凝結性，再用細篩網過濾均勻。

05 將【步驟4】布丁
液注入布丁杯中。

草莓果醬

06 將草莓果泥、水加
熱煮至60℃。

07 將NH果膠粉、細砂糖混合均勻，加入【步驟
6】中邊攪拌邊加熱煮至沸騰，離火，待冷卻備
用。

組合完成

08 將冷卻的布丁表面，鋪放草莓片（或白蜜桃
丁），淋上草莓果醬即可。

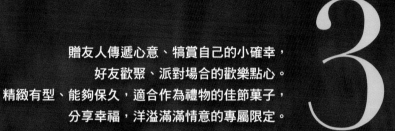

3

贈友人傳遞心意、犒賞自己的小確幸，
好友歡聚、派對場合的歡樂點心。
精緻有型、能夠保久，適合作為禮物的佳節菓子，
分享幸福，洋溢滿滿情意的專屬限定。

專屬限定乳酪燒菓子

水果乳酪史多倫
STOLLEN

Stollen德國聖誕節必備的傳統點心。
麵團中加入綜合水果餡，烤好後塗刷芒果醬、撒上椰子粉，
濃郁的水果香氣經過2-3天，香氣完全釋放，
整體的味道融合時，是為最佳的享用時間。

材料 （**10個份**）

麵團

A 法印高筋麵粉450g
　杏仁粉75g
　奶粉25g
　泡打粉7g
　細砂糖90g
　鹽6g

B 鮮奶45g
　新鮮酵母17g
　法印高筋麵粉60g

C 杏仁膏105g
　蛋黃70g
　奶油200g
　北海道乳酪270g

綜合水果餡

芒果果泥150g
百香果泥15g
香草醬2g
橘皮丁100g
葡萄乾100g
蔓越莓乾125g
檸檬蜜餞丁25g
芒果乾125g

芒果醬

芒果果泥200g
細砂糖80g
檸檬汁5g

完成用材料

椰子粉、新鮮水果

使用器具

小吐司模10個／300g

作法

果餡、果醬

01 　**綜合水果餡**。將所有材料混合拌勻，密封、冷藏7天後使用（作法參見P19-20）。

02 　**芒果醬**。將所有材料煮至完全融化，冷藏，即成芒果醬。

麵團

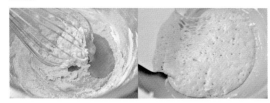

03 　鮮奶、新鮮酵母混合拌勻，加入高筋麵粉拌勻，再加入少許蛋黃拌勻做乳化，表面覆蓋保鮮膜，放置發酵箱中發酵約60分鐘（溫度26℃、濕度75％）。

04 　將杏仁膏壓軟後加入部分蛋黃先壓拌均勻，再分次加入剩餘蛋黃壓拌混合均勻，加軟化的奶油、乳酪攪拌均勻。

05 　接著加入發酵完成的【步驟3】拌勻，再加入混合過篩的材料A混拌均勻成團，最後加入綜合水果餡攪拌混合勻即可。

烘烤組合

06 　將模型噴上烤盤油、灑上高筋麵粉、拍除多餘麵粉。

07 　將麵團分割成每個300g，整型成長條狀，放入模型中、稍整型，表層加蓋矽利康墊，再壓蓋上烤盤，放入上火190℃／下火190℃烤箱，烤約45分鐘，出爐。

08 　待麵包微溫時表面塗刷芒果醬、沾覆椰子粉，用水果裝點即可。

白巧克力乳酪長條
WHITE CHOCOLATE CHEESE CAKE

白巧克力與濃郁乳香融合成的綿密口感，
夾層簡單的抹上特調的白巧克力醬，層疊組合相當漂亮，
清新乳香加上香甜白巧克力，展現另一番濃郁，整體感絕佳的滋味。

材料 （1盤）

蛋糕體

A 發酵奶油540g
　上白糖204g
　白巧克力400g
　北海道乳酪101g
　海鹽1g
　鮮奶油290g

B 蛋黃440g
　香草醬7g
　低筋麵粉600g
　高筋麵粉50g

C 蛋白880g
　細砂糖475g

白巧克力醬

白巧克力240g
鮮奶油90g
無鹽奶油50g
君度橙酒20g

使用器具

66cm×46cm烤盤1個
60cm×40cm慕斯鐵框

＊白巧克力醬

作法

蛋糕體

01 蛋黃麵糊。白巧克力、海鹽、鮮奶油隔水加熱融化，加入軟化的乳酪拌勻至柔滑狀，保溫在32℃。

02 發酵奶油、上白糖攪拌至呈乳霜狀，加入【步驟1】攪拌至微發，呈微乳白色。

 Point 要注意溫度，溫度過低，麵糊乳化容易分離。

03 將蛋黃、香草醬拌勻慢慢加入【步驟2】中，拌勻至呈光滑，加入1/3混合過篩的低、高筋麵粉拌勻。

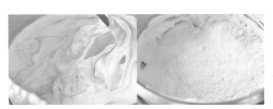

04 蛋白霜。將蛋白、細砂糖攪拌打至濕性發泡（6分發），分次拌入【步驟3】中混合拌勻，再加入剩餘2/3的粉類混合拌勻。

05 將麵糊倒入鋪好烤焙紙的烤模中、抹平，放入上火170℃／下火130℃烤箱中，烤約35-45分鐘。

白巧克力醬

06 白巧克力醬的作法參見P19-20。

夾餡組合

07 將蛋糕體切成三片，塗滿白巧克力醬、夾層，疊合成三層，切成長條，表面淋上白巧克力醬，用巧克力片點綴即可。

夏橙乳酪瑪德蓮
ORANGE MADELENINE

Madeleine以簡單材料
用貝殼模型加以烘烤，
烘烤時會大幅度膨脹隆起。
在麵糊中添加乳酪與橘皮絲
搭配製作帶出清香風味，
添加轉化糖提升保濕度，蓬鬆，
濕軟度適宜滋味迷人。

材料（貝殼蛋糕模30個）

蛋糕體

A 發酵奶油480g
　全蛋480g
　北海道乳酪60g

B 上白糖300g
　低筋麵粉370g
　泡打粉12g
　鹽1.7g

C 轉化糖30g
　香草醬8g
　檸檬皮屑5g
　橘子蜜餞絲200g

使用器具
貝殼蛋糕模

作法

蛋糕體

01 將奶油加熱至完全融化。

02 將乳酪攪拌至柔滑軟化加入部分的全蛋液攪拌乳化均勻後，再加入剩下的全蛋攪拌均勻，加入轉化糖拌勻。

 Point 轉化糖可增加保濕度，也可不加。

03 將上白糖、低筋麵粉、泡打粉、鹽混合拌勻，加入【步驟2】中攪拌混合均勻。

04 再加入橘子蜜餞絲、檸檬皮屑、香草醬拌勻，最後加入【步驟1】混合拌勻。

烘烤組合

05 貝殼模型噴上烤盤油，用紙巾擦拭均勻（千代田模附油性低，可利用紙巾擦拭）。

06 將麵糊擠入模型中（重約45g），放入上火190℃／下火190℃，烤約11分鐘至色澤金黃、輕壓蛋糕中心具有彈性狀態。

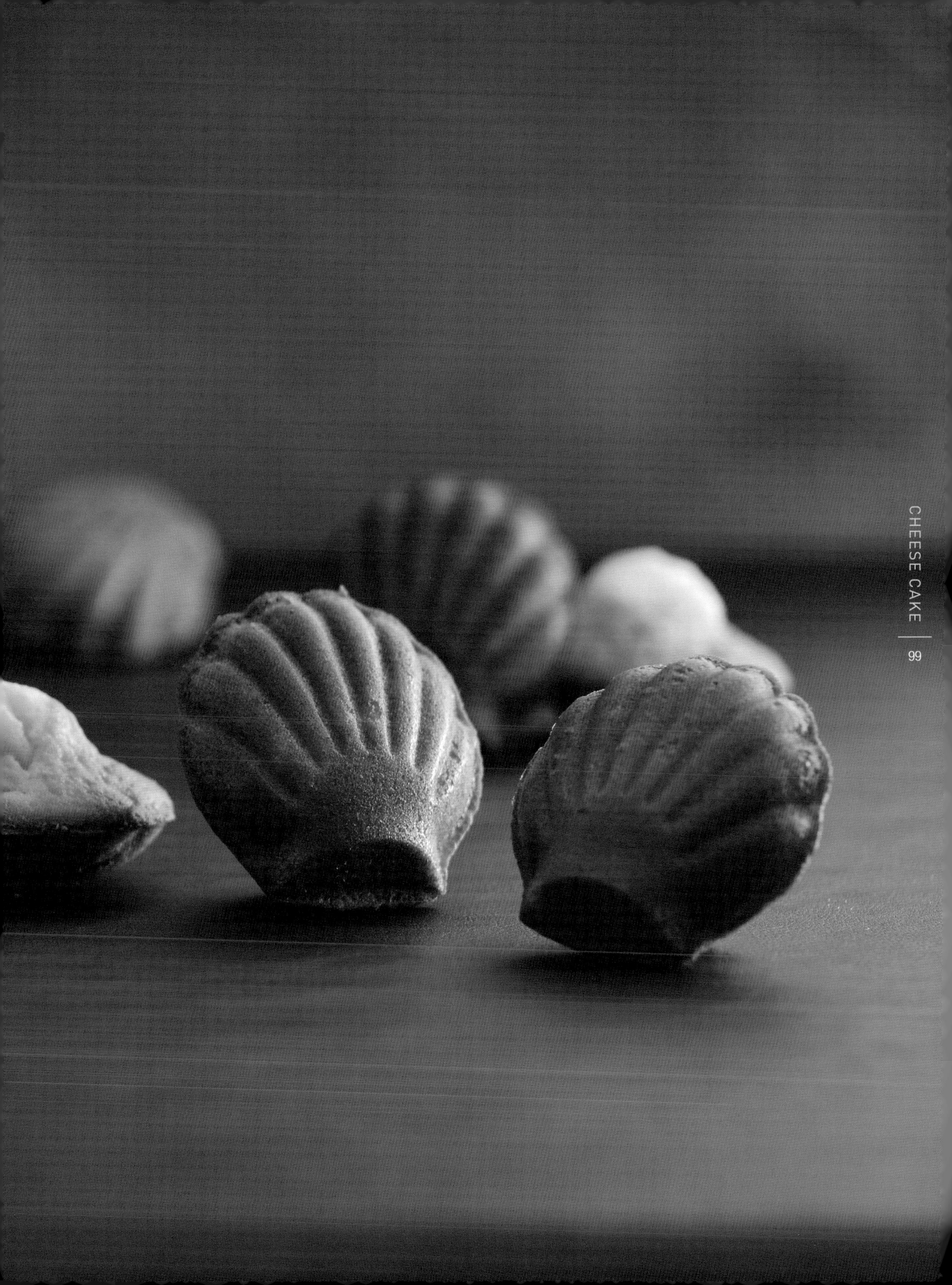

漿果乳酪瑪芬

RASPBERRY&CHEESE MUFFIN

以奶油蛋糕麵糊，
搭配溫和柔順的乳酪麵糊製作，
加上微酸微甜的覆盆莓果，
酥香的酥菠蘿細粒，
濃郁乳香與清新果香酸味，
多層次細緻的風味相當迷人。

材料 （40個份）

蛋糕體	乳酪餡	使用器具
發酵奶油345g	北海道乳酪300g	66cm×46cm烤盤1個
細砂糖280g	酸奶200g	直徑6cm瑪芬模40個
香草油6g	細砂糖40g	
鹽4g	漿果果粒適量	
全蛋145g		
鮮奶540g	**酥菠蘿**	
低筋麵粉800g	細粒酥菠蘿→P19-20	
泡打粉24g		

作法

蛋糕體

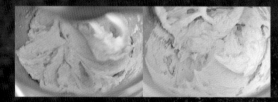

01 將奶油、細砂糖、鹽攪拌至成乳霜狀，加入全蛋、香草油攪拌融合。

02 加入一半量的鮮奶拌勻，加入混合過篩的粉類以切拌的方式翻拌均勻，再加入剩餘的鮮奶拌勻。

乳酪餡

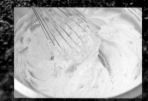

03 將乳酪攪拌至柔滑狀，加入細砂糖攪拌均勻，加入酸奶拌勻，冷藏備用。

烘烤組合

04 將蛋糕麵糊舀入模型中（約1/3量），擠入乳酪餡，放入漿果果粒，再舀入蛋糕麵糊至約9分滿，表面鋪放細粒酥菠蘿，放入上火200℃／下火200℃烤箱中，烤約18分鐘。

Point 麵糊用擠的方式容易因不當的施力將空氣擠壓而導致膨脹不佳影響口感。

05 待冷卻，篩灑上糖粉裝飾即成（也可以不加酥菠蘿，又是一種全然不同的風味口感）。

芋見乳酪燒

TARO CHEESE CAKE

層次交疊的口感，融合乳酪濃郁的香氣，
夾層香甜綿密乳酪芋泥餡，
表層花飾般的乳酪麵糊，
完美的三層組合，宛如精緻的玫瑰花朵，
口感風味美極了！

材料 （24個份）

底層麵糊

A 發酵奶油450g
　糖粉210g
　香草精10g
　杏仁粉90g
　低筋麵粉85g

B 蛋黃75g
　低筋麵粉350g

乳酪內餡

北海道乳酪500g
細砂糖70g

芋泥餡

芋泥600g
細砂糖150g
無鹽奶油75g
打發鮮奶油100g

使用器具

66cm×46cm烤盤1個
直徑5.5cm慕斯模6個
擠花袋、鋸齒花嘴

作法

底層麵糊

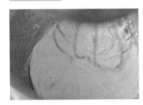

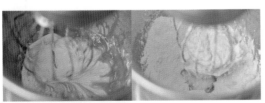

01 奶油、糖粉攪拌均勻，加入香草精攪拌打發至顏色變乳白，加入混合過篩的低筋麵粉、杏仁粉拌勻。

02 分次慢慢加入蛋黃攪拌融合，再加入低筋麵粉稍拌勻，以切拌的方式翻拌均勻。

芋泥餡

03 將蒸熟芋頭趁熱放入攪拌機中攪拌成泥狀，加入細砂糖拌勻約50℃，再加入軟化的奶油拌勻，最後加入打發鮮奶油拌勻，待冷卻。

乳酪內餡

04 將軟化的奶油乳酪攪拌成柔滑狀，加入細砂糖充分拌勻，冷藏備用。

夾餡組合

05 將底層麵糊裝入擠花袋中（鋸齒花嘴）擠入模具中至約1/3高度，再擠入乳酪內餡，放入芋泥餡，最後再擠入底層麵糊至約8分滿，冷藏定型，表面塗刷蛋黃液（冷藏冰硬後再塗刷較好操作）。

06 放入上火200℃／下火140℃烤箱中，烤約18分鐘，取出，脫模。

奶油乳酪布列塔尼酥餅
GALETTE BRETONNE

在餅皮麵團中添加橙酒及橙皮突顯餅皮風味，
夾層餡心以濃醇的白巧克力、
乳酪調製組合，香濃甜美，
由於容易變形烘烤時套上中空圓形模，
才能烤出漂亮形狀。

材料 （30個份）

塔皮	乳酪餡
奶油500g	北海道乳酪200g
上白糖300g	白巧克力50g
蛋黃120g	奶油20g
低筋麵粉400g	鮮奶油40g
香草醬4g	
鹽2g	**完成用材料**
橙酒5g	蛋黃液
橙皮8g	

使用器具

66cm×46cm烤盤1個
直徑5.5cm塔圈30個

作法

塔皮

01 將軟化奶油、上白糖、鹽攪拌成乳霜狀，分次
加入蛋黃、香草醬、橙酒、橙皮攪拌均勻。

02 加入過篩的低筋麵粉以手壓切的方式翻拌均勻
成團，用包鮮膜包覆，冷藏鬆弛約6小時。

03 取出麵團擀成3mm
厚，用大、小切模圈壓
切成大、小尺寸的圓形
片狀，以二片為組。

乳酪餡

04 將拌軟的奶油加入
隔水融化後的白巧克力
（約35℃）拌勻。

05 接著加入軟化的乳酪拌勻，加入鮮奶油混合拌
勻。

烘烤組合

06 圓形模框噴上烤盤油抹勻。將大塔皮鋪放模圈
中，擠入乳酪餡，再鋪放上表面切劃刀痕、薄刷蛋
黃液的小塔皮，放入上火210℃／下火180℃，烤
16-18分鐘至表面上色。

甘栗乳酪玫瑰脆餅
MERINGUE

蛋白糖霜的脆餅外層，中間夾層甘栗乳酪餡，
外層鬆脆內裡軟軟糖餡佈滿巧克力與栗子香氣，
香濃巧克力搭配焦糖脆粒杏仁，豐富層次讓人愛不釋口。

材料 （60個份）

馬林糖體

蛋白650g
細砂糖270g
糖粉320g
抹茶粉10g

甘栗乳酪餡

A 無糖栗子泥500g
　　煉乳150g
　　北海道乳酪300g
B 打發鮮奶油500g
　　栗子碎100g

淋面白巧克力

免調溫白巧克力1000g
調溫白巧克力400g
花生油75g
焦糖杏仁160g→P19-20

＊使用花生油主要為取其香
　氣，也可用一般油來代替使
　用。

完成用材料

甘栗

使用器具

66cm×46cm烤盤4個
擠花袋、花嘴

作法

馬林糖體（示範款：抹茶口味）

01 將1/2量的細砂糖加入蛋白中攪拌至濕性發泡後，加入剩餘砂糖攪拌打發至成堅挺的硬性發泡。

02 將混合過篩糖粉、抹茶粉，輕輕拌入【步驟1】中輕拌混合均勻。

03 造型A。將【步驟2】裝入擠花袋（圓形花嘴），在鋪好烤焙紙的烤盤上，相間隔地擠出橢圓狀。

 Point 也可以不加抹茶粉做成白色原味款。

04 造型B。用擠花袋（鋸齒花嘴），在鋪好烤焙紙的烤盤上，相間隔地擠出螺旋狀，放入上火110℃／下火100℃烤箱中，烤約2小時。

甘栗乳酪餡

05 無糖栗子泥先攪拌打軟。將乳酪、煉乳攪拌均勻，加入栗子泥混合拌勻，再拌入打發鮮奶油（6分發）拌勻，過篩均勻，加入栗子碎拌勻即可。

淋面白巧克力

06 焦糖杏仁作法參見P19-20。將免調溫巧克力、調溫巧克力隔水加熱融化（約45℃），加入花生油、焦糖杏仁混合拌勻。

夾餡組合

07 將烤好的蛋白脆餅均勻沾覆裹上淋面白巧克力，待凝固，以2個為組，在中間擠入甘栗乳酪餡、夾層。

 Point 製作抹茶口味款時，成品表面也可再篩灑上抹茶粉裝飾。

圓頂乳酪小禮帽
CHEESE CAKE BALL

以酥鬆的杏仁塔皮為底層，
加上香濃微酸的乳酪餡，
一口大小的迷你尺寸，融合乳酪整口美味，
香純濃郁，綿密的內在，不論風味口感俱佳。

材料 （**60個份**）

塔皮
奶油400g
糖粉180g
蛋黃50g
低筋麵粉375g
杏仁粉100g

乳酪餡
亞諾奶油乳酪1000g
細砂糖200g
檸檬汁25g
蛋黃200g
玉米粉25g

使用器具
直徑3cm×高2cm／60入
烤盤1個

作法

塔皮

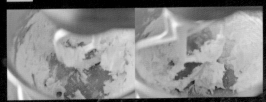

01 奶油、糖粉攪拌至乳霜狀，分次加入蛋黃攪拌打發。

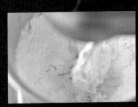

02 再加入混合過篩的杏仁粉、低筋麵粉攪拌均勻至無粉狀顆粒。

03 將麵糊裝入擠花袋，擠入模具中，用手指沿著模邊抹開。

乳酪餡

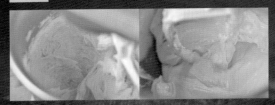

04 將乳酪攪拌光滑後，加入細砂糖攪拌均勻，再分次加入蛋黃攪拌均勻，加入過篩玉米粉拌勻，加入檸檬汁拌勻即可。

烘烤組合

05 將乳酪麵糊擠入塔皮模中至約8分滿，放入上火200℃／下火170℃烤箱中，烤約16分鐘。

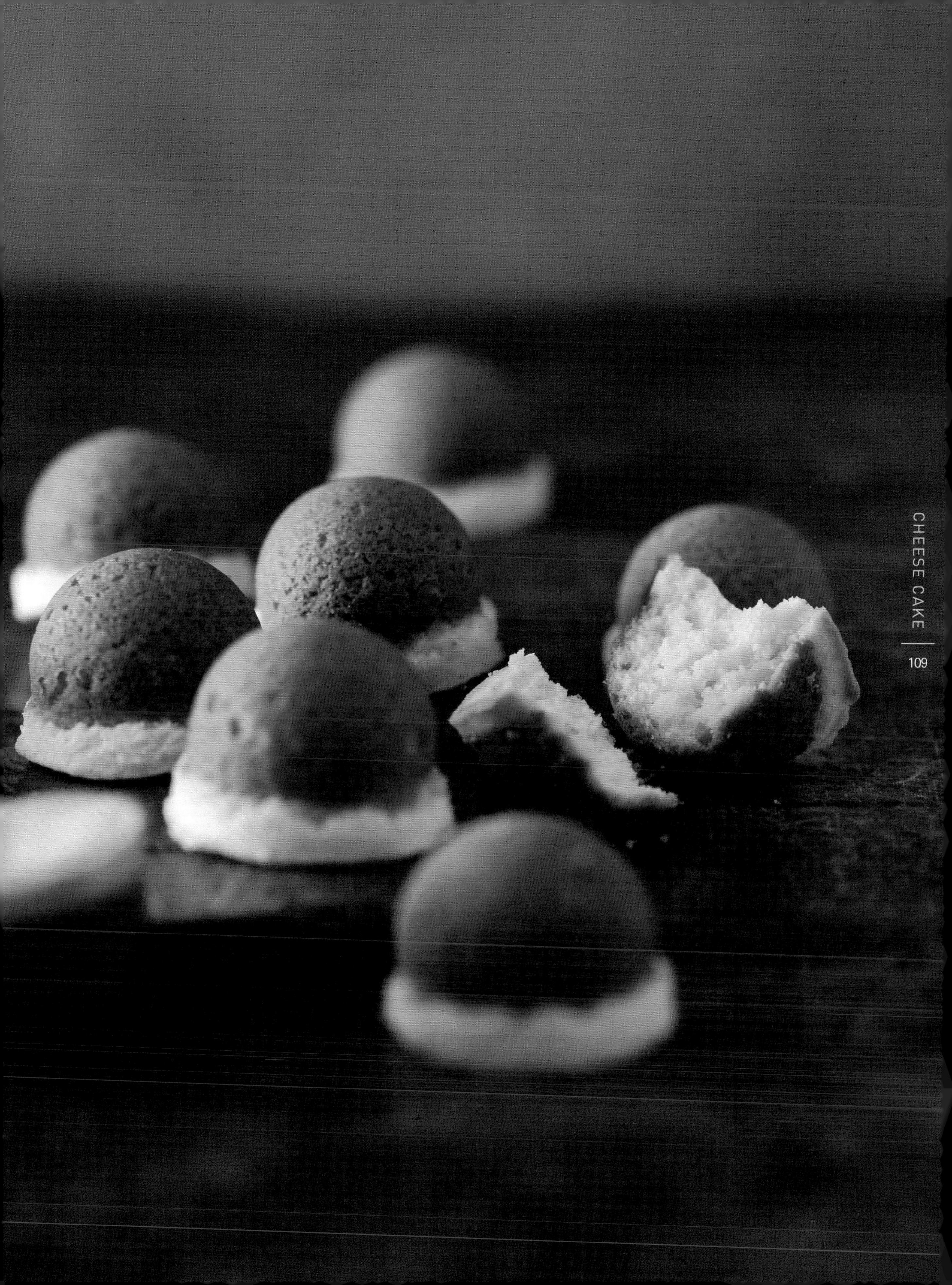

抹茶乳酪雪之菓
SNOWBOWL COOKIES

麵團中添加乳酪及抹茶，
搓揉成如雪球般的圓滾外形，
表層篩灑上如白雪般的細緻的抹茶糖粉，
酥鬆、香甜，品嚐得到淡淡抹茶香氣及微微苦澀茶香，
造型小巧可愛，可口的抹茶雪之菓。

（無麩版）
抹茶
乳酪雪果

材料 （100個份）

麵團

A 奶油560g
　北海道乳酪167g
　細砂糖184g
　鹽5g
B 奶粉20g
　低筋麵粉667g
　玉米粉67g
　抹茶粉67g

完成用材料

抹茶粉250g
糖粉30g

使用器具

烤盤

作法

麵團

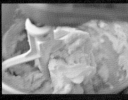

01 將奶油、鹽、細砂糖攪拌均勻至色呈微乳白。

02 再加入奶油乳酪攪拌至微發。

03 接著加入混合過篩材料B拌勻至無顆粒狀成團。

04 將麵團搓揉成長條狀，分割成小團（約10g），搓揉成圓球狀。

烘烤組合

05 將抹茶麵團整齊排放烤盤，以上火150℃／下火150℃，烤約30分鐘。

06 抹茶粉、糖粉混拌均勻。待冷卻，表面篩灑上抹茶糖粉即可。

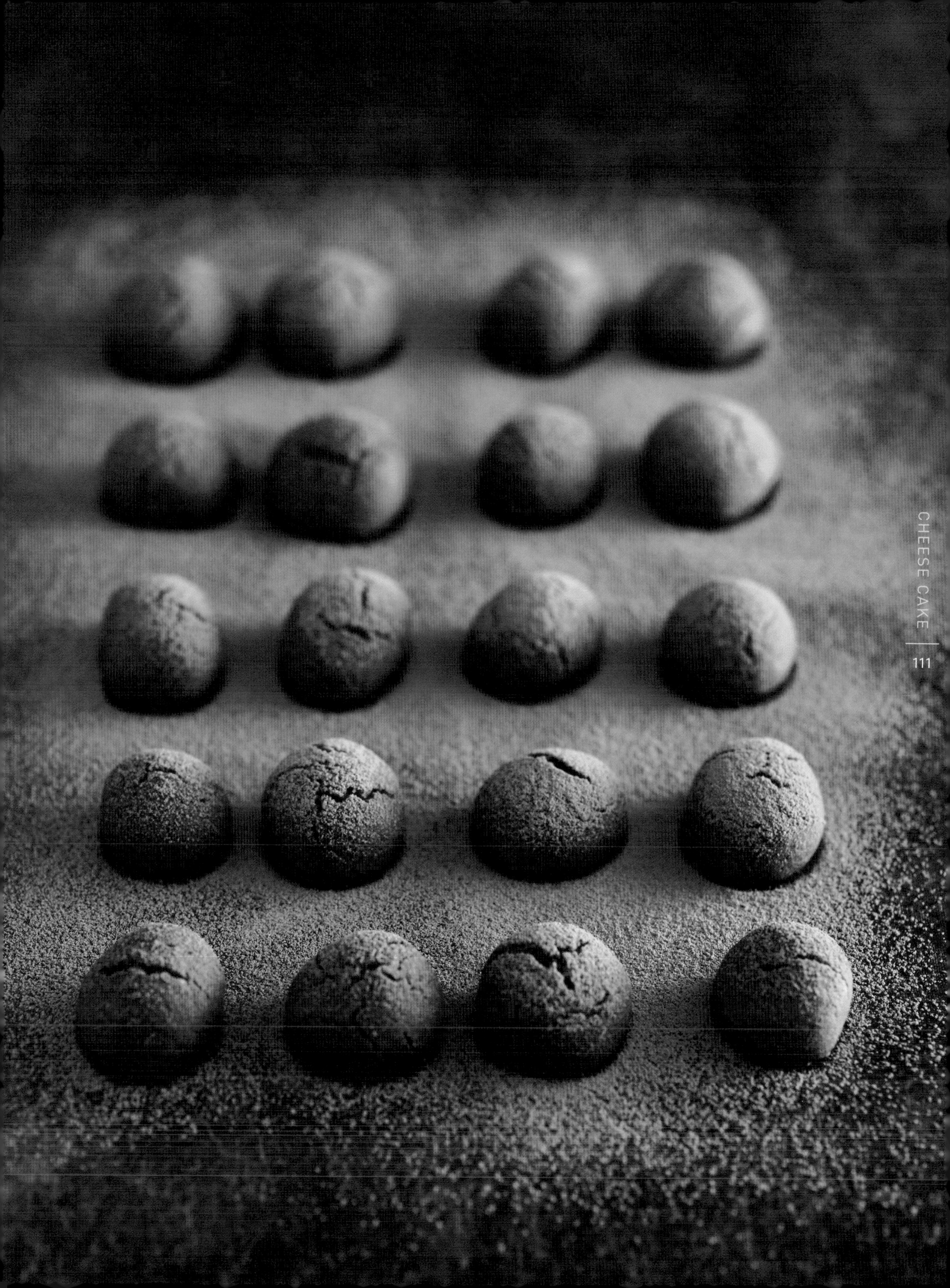

葡萄夾心餅
RAISIN SANDWICH COOKIES

散發著迷人蘭姆酒香的葡萄夾心餅。
香酥厚實的餅乾體，
夾著醇厚香濃的蘭姆葡萄餡，
口感細膩滑順，風味特別，
冰過後享用更是美味可口！

材料 （40個份）

甜派皮

無鹽奶油675g	水140g
日本三吉白油338g	香草精10g
上白糖675g	蛋白240g
全蛋150g	奶油900g
鹽3g	蘭姆葡萄400g→P19-20
高筋麵粉1688g	

葡萄奶霜餡

細砂糖400g

使用器具

60cm×40cm烤盤、
烤焙布2個

作法

甜派皮

01 奶油、白油攪拌打軟，加入上白糖攪拌至乳霜狀，分次加入全蛋、鹽攪拌混合均勻，再加入過篩的高筋麵粉拌勻成團，以保鮮膜包好，冷藏6小時。

02 取出麵團擀壓成厚約2mm的片狀，再分切成6cm×2.5cm長方片狀，冷凍靜置。

03 整齊排放鋪好矽力康布墊的烤盤上，放入上火180℃／下火160℃烤箱中，烤約18分鐘。

葡萄奶霜餡

04 將細砂糖、水煮加熱至102℃。

05 蛋白、香草精攪拌打至濕性發泡，慢慢加入【步驟4】攪拌打發，待降溫35℃。

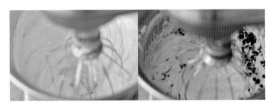

06 再分次加入軟化奶油攪拌打發，最後加入蘭姆葡萄乾拌勻（使用義大利蛋白來製作奶霜餡，提升化口性）。

夾餡組合

07 將餅乾體兩片為組，在平坦面擠上葡萄奶油霜餡，蓋上組合即成。

艾達乳酪酥餅
CHEESE COOKIES

餅乾麵團中添加鮮奶來提升風味，
搭配艾達起司粉、紅椒粉調味，相得益彰，
酥脆鹹香、餘韻不絕，布滿整個味覺，
是帶著濃郁乳酪香氣的風味餅乾。

（變化版）
香草雪茄
餅乾

材料 （80個份）

餅乾麵糊

A 奶油360g
糖粉250g
鮮奶120g

B 低筋麵粉420g
匈牙利紅椒粉4g
艾達起司粉120g
鹽1.5g

使用器具

60cm×40cm烤盤
擠花袋、鋸齒花嘴

作法

餅乾麵糊

01 將材料B混合過篩均勻。

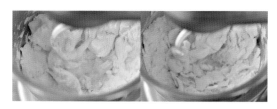

02 將奶油、糖粉攪拌至呈乳霜狀。

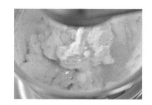

03 加入部分的【步驟1】攪拌混合均勻。

04 再加入鮮奶拌勻，加入剩下的【步驟1】拌勻至沒有粉粒。

05 將麵糊裝入擠花袋（鋸齒花嘴）在烤盤上相間隔，橫向並列擠出二條麵糊成長片狀。

烘烤完成

06 放入上火170℃／下火150℃烤箱中，烤約18分鐘即可。

冬戀乳酪奇摩芙

CHEESE GUIMAUVE

在棉花糖體中加入清爽的奶油乳酪，
清爽的乳酪香氣讓整體的風味昇華，清爽細緻，
輕柔Q彈的糖體入口如雪般融化開，
淡雅、柔和別致的口感風味。

材料 （1盤份）

棉花糖體

A　海藻糖480g
　　水麥芽48g
　　水100g
B　蛋白120g
　　鹽4g
　　吉利丁片35g
　　北海道乳酪300g
　　檸檬汁10g

使用器具

平盤

＊此款乳酪特別適合用來搭
　配咖啡口味製品，其乳香能
　更提顯層次風味。

作法

棉花糖體

01 吉利丁片加水浸泡至軟化。

02 將海藻糖、水加熱煮至沸騰，加入水麥芽繼續
煮至約118℃。

03 蛋白、鹽攪拌打發
至濕性發泡，慢慢加入
【步驟2】繼續攪拌至
硬性發泡。

05 將軟化的奶油乳酪拌勻，先加入部分的【步驟
4】拌勻，加入檸檬汁拌勻，再加入到剩餘的【步
驟4】中混合拌勻。

04 接著將浸泡軟化的吉利丁隔水加熱融化（約
40℃）後，加入【步驟3】中攪拌均勻，至濃稠
狀，待降溫至約35℃（煮好的糖漿稍微靜置待其
表面泡泡消掉再沖入蛋白中打發，較不會有結皮情
形）。

入模整型

06 將方形紙盒鋪好一層保鮮膜。倒入棉花糖體、
刮平，冷藏待冷卻，均勻沾裹烤熟的玉米粉，切成
所需大小即可。

乳酪松茸球
WHITE CHOCOLATE BALL

清爽的奶油乳酪
融合口感柔滑的白巧克力，
加上微微酸甜的鳳梨果乾，
展現別有的清新風味，
外層焦糖脆杏仁角，提升滋味口感，
乳酪與巧克力的絕美組合。

材料 （30個份）

白巧克力球體
北海道乳酪300g
白巧克力90g
鳳梨果乾60g
蘭姆酒10g
鮮奶油60g

完成用材料
白巧克力液
焦糖杏仁→P19-20

使用器具
66cm×46cm烤盤
擠花袋、圓形花嘴

作法

白巧克力球體

01 白巧克力隔水加熱至35℃，加入軟化的乳酪壓拌混合均勻。

02 接著加入鮮奶油、蘭姆酒輕拌混勻。

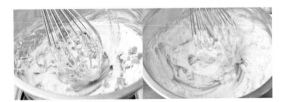

03 再加入鳳梨果乾丁充分混合拌勻。

Point 鳳梨果乾也可以用其他水果乾來變化，如草莓乾等；也可再添加入拌過蜂蜜的核桃。

整型組合

04 將【步驟3】裝入擠花袋（圓形花嘴），在鋪好保鮮膜的烤盤上，相間隔擠出圓球狀（重約15g）。

05 將乳酪巧克力球先沾裹勻白巧克力、滾圓，再立即沾裹上焦糖杏仁即可。

4

層疊不同的豐富口感搭配，
不需繁複的裝飾技巧，簡單做也很漂亮。
方便攜帶，輕鬆就能帶著走的行動美味，
充滿手感溫暖，讓人露出滿足微笑的暖心甜點。

暖心午茶乳酪塔派

塔皮

材料

塔皮麵團
發酵奶油230g
上白糖173g
鹽7g
全蛋156g
香草油2g
無鋁泡打粉7g
低筋麵粉576g

事前準備
· 粉類先過篩
· 奶油放置室溫軟化
· 預熱烤箱至所需溫度

使用器具
66cm×46cm烤盤
圓形、菊花塔模

作法

01 將奶油先攪拌打軟,加入上白糖、鹽攪拌至乳霜狀,分次加入全蛋、香草油拌勻即可。

02 將泡打粉、低筋麵粉混合過篩築成粉牆,在中間加入【步驟1】,以刮板翻拌,混合均勻成團,將麵團用保鮮膜包覆,冷藏鬆弛6小時。

03 造型A。取出麵團,用擀麵棍擀成3mm厚度,壓切出模型大小鋪在塔模中,沿著麵皮輕壓合,並刮除邊緣多餘的麵皮,用叉子在底部均勻戳洞,鋪放烤焙紙、壓上重石。

04 放入上火180℃／下火180℃烤箱中,烤14分鐘,至塔皮半熟。

05 造型B。將麵團擀成3mm厚度,壓切出模型大小用擀麵棍捲起鋪放在菊花塔模中,沿著麵皮輕壓合,並刮除邊緣多餘的麵皮,均勻戳洞,鋪放烤焙紙、壓上重石,烤至半熟。

杏仁塔皮

材料

塔皮麵團

奶油240g
糖粉216g
全蛋72g
鹽4g
杏仁粉96g
高筋麵粉240g
低筋麵粉240g

事前準備

· 粉類先過篩
· 奶油放置室溫軟化
· 預熱烤箱至所需溫度

使用器具

66cm×46cm烤盤
直徑7cm塔圈

作法

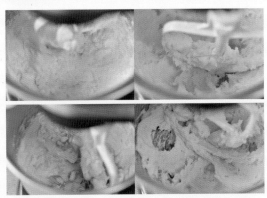

01 將奶油、糖粉、鹽攪拌均勻至乳霜狀，分次加入全蛋攪拌均勻，至完全融合。

02 將杏仁粉、低筋麵粉、高筋麵粉混合過篩築成粉牆，在中間加入【步驟1】，以刮板翻拌，混合均勻成團。

03 將麵團用保鮮膜包覆，冷藏鬆弛6小時。

04 將麵團擀成3mm厚度，壓切出模型大小鋪放在塔模中，沿著麵皮輕壓合，並刮除邊緣多餘的麵皮，用叉子在底部均勻戳洞，鋪放烤焙紙、壓上重石，放入上火180℃／下火180℃烤箱中，烤約14分鐘烤至半熟。

甜味派皮

材料

派皮麵團

A 奶油700g
　上白糖40g
　鹽10g
　水350g
　香草醬7g
B 低筋麵粉500g
　高筋麵粉400g

事前準備

· 粉類先過篩、奶油切丁
· 將派皮材料全部冷藏備
　用
· 預熱烤箱至所需溫度

使用器具

66cm×46cm烤盤
塔模

作法

01 將低筋麵粉、高筋麵粉、上白糖、鹽混合過篩築成粉牆，在中間加入奶油，以刮板壓切奶油翻拌混合，至看不到粉顆粒，奶油完全融入麵粉中。

02 再加入水、香草醬，用手翻拌均勻，用包鮮膜包覆，冷藏鬆弛約6小時。

03 將麵團擀成3mm厚度，壓切出模型大小鋪放在塔模中，沿著麵皮輕壓合，並刮除邊緣多餘的麵皮，用叉子在底部均勻戳洞，鋪放烤焙紙、壓上塔模，再壓蓋烤盤，放入上火180℃／下火180℃烤箱中，烤約14分鐘烤至半熟。拿掉烤焙紙繼續烘烤10分鐘。

派皮

材料

派皮麵團

奶油375g
冰水175g
鹽5g
低筋麵粉225g
高筋麵粉225g

事前準備

- 粉類先過篩、奶油切丁
- 將派皮材料全部冷藏備用
- 預熱烤箱至所需溫度

使用器具

66cm×46cm烤盤
模框

作法

01 將低筋麵粉、高筋麵粉、鹽混合過篩築成粉牆，在中間加入奶油，以刮板壓切奶油翻拌混合，至成顆粒狀。

02 再加入冰水，用手翻拌，混合均勻，成團。

03 將麵團用包鮮膜包覆，冷藏鬆弛約20分鐘。

04 將麵團擀成3mm厚度，用大、小的切模鐵圈壓切成圓形派皮，冷藏。

熔心布丁塔
CUSTARD PUDDING TART

香軟滑順的卡士達餡，
淡淡杏仁味的酥脆派皮，
外層酥脆，內餡細緻滑順、香甜不膩，
充滿濃郁卡士達奶油香氣，
每口都能品嚐到香醇的滋味。

材料　（32個份）

甜味派皮

甜味派皮麵團→P124

低筋麵粉5g
奶油30g
北海道乳酪125g

乳酪卡士達餡

鮮奶450g
細砂糖125g
蛋黃80g
鮮奶油50g
玉米粉18g

使用器具

66cm×46cm烤盤1個
直徑7cm塔模32個

作法

甜味派皮

01 甜味派皮麵團作法參見P124。將麵皮鋪放塔模中，均勻戳洞、壓紙、放重石，放入上火180℃／下火180℃烤箱中，烤約14分鐘至呈半熟狀。拿掉重石及烤焙紙，繼續烘烤10分鐘，放涼

乳酪卡士達餡

02 玉米粉、低筋麵粉、細砂糖混合拌勻，加入拌勻的蛋黃、鮮奶油拌勻。

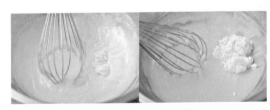

03 將鮮奶煮沸後，轉小火，慢慢加入【步驟2】中拌勻，再回煮邊拌邊煮至呈濃稠狀，離火，繼續用打蛋器攪拌至光滑。

04 最後加入奶油拌勻，加入乳酪拌勻。

烘烤組合

05 乳酪卡士達餡擠入塔皮中，待冷卻、冷藏後，表面刷上蛋液（冷藏後再塗刷蛋液較好操作）。

06 放入上火230℃／下火0℃，烤約6分鐘至表面不黏手，上色平均。

黃金炙燒乳酪派
CHEESE CAKE PIE

酥脆的塔皮,搭配香醇濃郁的乳酪餡,
微酸清爽、口感細柔軟綿、甜而不膩,
表層金黃燒烤更添色澤香氣,極其引人的特色。

材料 （6個份）

塔皮
塔皮麵團→P122

乳酪卡士達餡
A 蛋黃192g
　　鮮奶40g
　　細砂糖40g
B 鮮奶560g
　　細砂糖200g

C 低筋麵粉48g
　　玉米粉48g
　　起司粉48g
　　發酵奶油120g
　　吉利乳酪800g
　　檸檬汁20g

完成用材料
鏡面果膠

使用器具
66cm×46cm烤盤1個
8寸（直徑18 cm）
圓形塔圈6個

作法

塔皮

01 塔皮麵團作法參見P122。將麵皮鋪放塔模中，均勻戳洞，壓紙、放重石，放入上火180℃／下火180℃烤箱中，烤約14分鐘，至塔皮半熟。

乳酪卡士達餡

02 材料B用中火加熱煮至沸騰，轉小火。

03 低筋麵粉、玉米粉混合均勻。

04 將材料A拌勻，加入混合過篩【步驟3】拌勻。

05 接著將【步驟2】慢慢沖入【步驟4】混合攪拌，再回煮邊拌邊加熱，待轉濃稠收汁，離火，繼續以打蛋器攪拌至光滑。

06 最後加入軟化的奶油、奶油乳酪拌勻，加入起司粉拌勻，加入檸檬汁拌勻至融合。

烘烤組合

07 將乳酪卡士達內餡倒入半熟塔皮至約9分滿，自然布滿均勻，放入上火230℃／下火0℃烤箱中，烤約16分鐘至表面上色。

08 將鏡面果膠加入適量的水，小火加熱至「適合塗刷、推勻」稠度，塗刷表面。

果香檸檬乳酪派
LEMON CHEESE CAKE PIE

以酸味豐富的檸檬乳酪餡
搭配厚實酥香的派皮；
香甜清爽的乳酪表面，
點綴上檸檬皮屑圍邊，形成清爽的色調，
清爽又充滿檸檬香氣，獨特的酸甜滋味，
無已取代的迷人魅力。

材料 （6個份）

塔皮

塔皮麵團→P122　　　　無鹽奶油214g
　　　　　　　　　　　檸檬汁154g

乳酪餡

亞諾乳酪960g
細砂糖648g　　　　　　*不適用生乳製程的乳酪如：北
低筋麵粉97g　　　　　　海道Luxe、十勝四葉來製作。
鹽適量
全蛋340g　　　　　　　**使用器具**
鮮奶600g　　　　　　　66cm×46cm烤盤1個
　　　　　　　　　　　8寸（直徑18cm）
　　　　　　　　　　　菊花模6個

作法

塔皮

01 塔皮麵團作法參見 P122。將麵皮鋪放塔模中，均勻戳洞，壓紙、放重石，放入上火180℃／下火180℃烤箱中，烤約14分鐘至塔皮半熟。

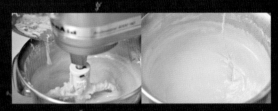

04 接著將奶油隔水加融化，慢慢加入【步驟3】中混合拌勻，最後加入檸檬汁拌勻至融合柔滑。

乳酪餡

02 將乳酪先拌軟，加入細砂糖、鹽攪拌成乳霜狀，加入低筋麵粉拌勻。

05 將【步驟4】用均質機均質細緻柔滑（水分含量高的乳酪，再均質融合過質地較好）。

烘烤組合

03 全蛋、鮮奶攪拌混合隔水加熱至約40℃，加入【步驟2】中混合攪拌均勻。

06 將乳酪餡倒入半熟塔皮約9分滿（約500g）。放入上火180℃／下火160℃烤箱中烤約20分鐘，再以上火190℃／下火0℃烤箱中，烤約10分鐘。

Point 此配方無法使用生乳製成的乳酪來做，因檸檬汁遇到生乳會產生乳凝作用。

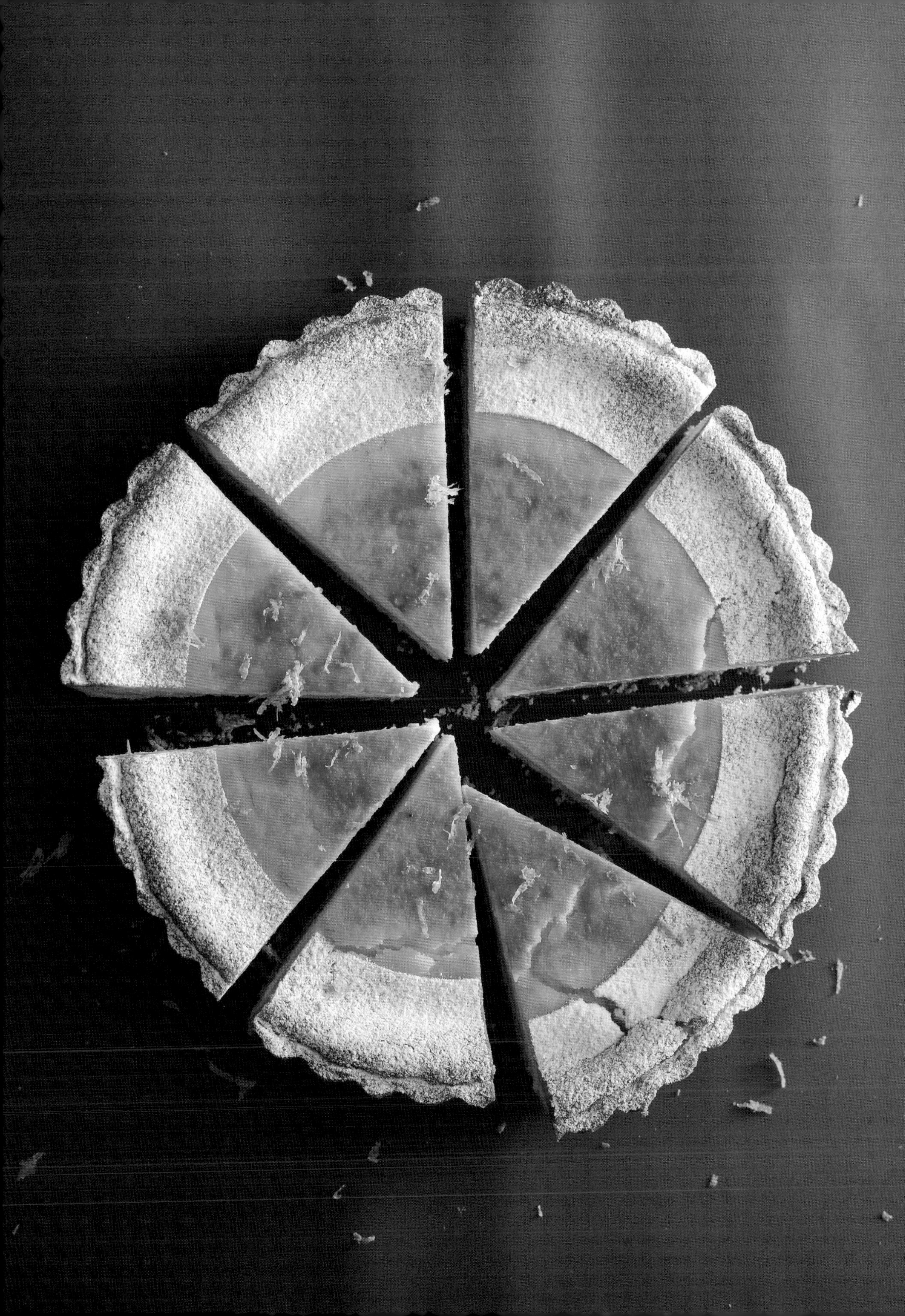

莎布列塔乳酪金磚
CREAM CHEESE SQUARE

以酥鬆帶有杏仁香氣的塔皮為底座，
鋪上酒香四溢的蘭姆葡萄，加上香濃卡士達內餡夾層，
外層布滿酥香香甜酥菠蘿，酥軟香甜口感層次鮮明，
視覺、口味豐富而融合的味覺驚喜！

莎布列塔乳酪金磚

材料 （1盤份）

塔皮

奶油300g
糖粉150g
鹽4g
香草醬2.4g
全蛋100g
杏仁粉65g
低筋麵粉500g

酥菠蘿

發酵奶油100g
上白糖100g
低筋麵粉30g
杏仁粉120g

蘭姆葡萄乳酪餡

北海道乳酪1000g
細砂糖150g
蘭姆葡萄160g→P19-20
全蛋180g
奶油90g

卡士達奶油餡

A 鮮奶166g
　香草棒2g
B 蛋黃28g
　北海道煉乳35g
　細砂糖40g
　低筋麵粉7g
　玉米粉7g
　發酵奶油25g
C 發酵奶油270g
　細砂糖30g
　全蛋180g
　低筋麵粉50g

使用器具

66cm×46cm烤盤
40cm×40cm×6cm
慕斯框1個

作法

塔皮

01 將軟化奶油、糖粉、鹽攪拌至乳霜狀，分次加入全蛋、香草醬攪拌均勻，再以手壓切的方式拌入混合過篩的杏仁粉、低筋麵粉，翻拌均勻成團，用包鮮膜包覆，冷藏鬆弛約6小時。

02 取出麵團，擀成3mm厚、裁切成模框大小，鋪放入慕斯框中，均勻戳洞，壓紙，放重石，放入上火180℃／下火180℃烤箱中，烤約14分鐘至成半熟。

酥菠蘿

03 將所有材料攪拌均勻成團，搓揉成圓柱狀，用保鮮膜包覆，冷凍約6小時。將麵團用刨刀刨成細顆粒狀，挑鬆，冷凍備用。

卡士達奶油餡

04 細砂糖、低筋麵粉、玉米粉混合拌勻，加入蛋黃攪拌均勻。

05 鮮奶、香草籽及香草莢加熱煮沸，轉小火，過篩加入【步驟4】中拌勻，再回煮邊拌邊煮至呈濃稠狀，離火，繼續攪拌至光滑，加入煉乳、軟化的奶油混合拌勻，待冷卻。

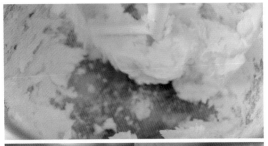

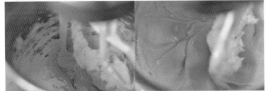

06 將發酵奶油、細砂糖攪拌打至乳霜狀，再加入
【步驟5】混合拌勻。

07 再分次加入全蛋拌
勻，加入過篩的低筋麵
粉拌勻即可。

蘭姆葡萄乳酪餡

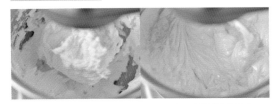

08 將乳酪攪拌至光滑狀，加入細砂糖攪拌均勻，
分次加入全蛋拌勻，再加入隔水融化的奶油（約
60℃）混合拌勻。

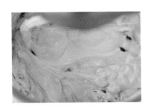

09 最後加入蘭姆葡萄
（參見P19-20）拌勻即
可。

烘烤組合

10 將蘭姆葡萄乳酪餡倒入烤至半熟塔皮中，朝四
周均勻填平、抹平。

11 再橫向整齊擠入卡士達奶油餡、抹平，表面灑
上酥菠蘿細粒、撒上杏仁片，放入上火170℃／下
火150℃烤箱，烤約45分鐘。

12 烘烤過程中烤至麵糊膨脹周邊膨起後需先刮開
四周邊緣，表面再壓蓋烤焙墊，蓋上烤盤翻面烘烤
至熟，脫模取出。

焦糖蘋果乳酪派
CARAMEL APPLE PIE

底層的派皮，填上乳酪餡，鋪上蛋糕體及焦糖蘋果餡包覆烘烤，
烘烤酥脆的餅皮夾層裡，蘋果保有微脆的口感，
焦糖形成的香氣，果酸與派皮香甜交織，風味相當別致。

CARAMEL APPLE PIE

（變化版）
富士
蘋果派

焦糖蘋果乳酪派

材料 （15個份）

蛋糕體

A 全蛋780g
上白糖130g
海藻糖241g
低筋麵粉275g

B 沙拉油93g
蜂蜜52g
鮮奶62g

派皮
派皮麵團→P125

焦糖蘋果餡
青蘋果450g
細砂糖120g
香草棒1支
肉桂粉少許

夾層餡
北海道乳酪適量

使用器具
66cm×46cm烤盤1個
小蛋糕切模
直徑6cm&7cm各1個

作法

派皮

01 派皮麵團作法參見P125。取出麵團，擀成3mm厚，用大、小的切模鐵圈壓切成7cm與6cm直徑圓形派皮，冷藏。

蛋糕體（參見海綿蛋糕P24）

02 鮮奶、沙拉油、蜂蜜，隔水加熱至微溫，保持溫度於50℃備用。

03 將全蛋、上白糖、海藻糖，邊攪拌邊隔水加熱至約38℃打發，待蛋糊打到全發，用刮刀舀取麵糊可畫出一個「8」字形的濃稠度，加入過篩的低筋麵粉輕柔的切拌混合攪拌（避免蛋糕消泡）至沒有粉粒，再加入【步驟2】拌勻。

04 將蛋糕糊倒入鋪好烤焙紙的烤盤中，放入上火190℃／下火160℃烤箱中，烤15分鐘。用模框壓切成圓形片狀。

焦糖蘋果餡

05 將一半量的細砂糖放入銅鍋中加熱煮至成焦糖色。

06 將香草棒橫剖切開，刮取香草籽，與蘋果丁加入【步驟5】中，拌炒至蘋果熟軟、收汁，熄火，再加入剩餘的細砂糖、肉桂粉拌炒均勻，待冷卻、離火備用。

烘烤組合

07 造型A。將圓形蛋糕體，鋪放在大派皮上（直徑7cm），擠上拌軟的乳酪，鋪放上焦糖蘋果餡，將左右對折，再將上下對折壓合收口成皺褶狀。

08 造型B。將圓形蛋糕體，鋪放在大派皮上（直徑7cm），擠上拌軟的乳酪，鋪放上焦糖蘋果餡，再鋪蓋上小派皮（直徑6cm），沿著周圍捏出皺摺密合，形成皺摺花邊，表面塗刷蛋液、中間用剪刀剪出十字小缺口。

Point 剪十字刀口時，以上下、左右分成四刀的剪開，較不會有黏刀的情形。

09 將造型A麵團收口朝下放置，套上圓形模框，蓋上烤焙布墊、壓蓋烤盤，放入上火230℃／下火130℃烤箱中，烤約18分鐘。

沁心百香乳酪塔
PASSION FRUIT TART

使用大量奶油起司與蓬鬆的蛋白霜混合製作，
加上百香果的香氣與酸味，滑順中帶著迷人的果香，
入口即化的輕盈口感，加上酥脆塔皮，
細緻多層次的風味非常迷人。

材料 （30個份）

塔皮	乳酪餡	百香果餡	完成用材料
杏仁塔皮麵團→P123	**A** 北海道乳酪600g	**A** 百香果泥364g	打發鮮奶油、糖粉
	蛋黃80g	柳橙汁（現榨）56g	草莓、藍莓
	鹽6g	全蛋280g	
	保久乳30g	蛋黃238g	**使用器具**
	低筋麵粉30g	細砂糖280g	66cm×46cm烤盤1個
	檸檬汁35g	吉利丁片14g	直徑7cm塔圈30個
	B 蛋白90g	奶油280g	擠花袋、花嘴
	細砂糖90g	**B** 新鮮百香果120g	

＊百香果餡配方沒加粉類作
　為凝結，過濾均質可避免
　結顆粒。

作法

塔皮

01 杏仁塔皮麵團作法參見P123。

乳酪餡

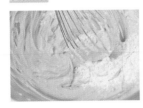

02　蛋黃麵糊。將乳酪、鹽攪拌至光滑分次加入蛋黃拌勻，再加入保久乳拌勻，加入過篩低筋麵粉攪拌均勻，加入檸檬汁拌勻。

03　蛋白霜。將1/2份量細砂糖加入蛋白中攪拌至濕性發泡狀，再將剩餘細砂糖分次加入攪拌至成堅挺的硬性發泡。

04　將蛋白霜分次加入【步驟2】中輕混拌勻。

百香果餡

05　百香果泥、柳橙汁加熱煮沸。

06　將蛋黃、全蛋、細砂糖拌勻，加入【步驟5】混合拌勻。

07　再邊拌邊回煮至濃稠狀，加入泡軟的吉利丁拌勻，離火，繼續攪拌至光滑。

08　將【步驟7】過篩，均質至細緻光滑，加入奶油混合攪拌均勻至成濃稠能呈現水紋狀，加入新鮮百香果拌勻即可。

烘烤組合

09　將乳酪餡擠入烤半熟的塔皮中，放入上火190℃／下火0℃，烤約16分鐘至表面膨脹起來。

10　將乳酪塔用塑膠片沿著側邊周圍圍邊（高於乳酪塔的高度），再擠入百香果餡，冷凍定型，表面用打發鮮奶油、莓果裝飾，最後篩入糖粉即可。

白朗香檸乳酪塔
LEMON-CHEESE TART

清新的檸檬乳酪奶油餡搭配酥脆的塔皮，
表層以簡單燒烤的蛋白霜點綴，形狀有如雪山般可愛，
清新爽口的酸甜滋味，令人百吃不厭。

材料 （30個份）

塔皮
塔皮麵團→P122

檸檬乳酪奶油餡
北海道乳酪375g
奶油300g
細砂糖350g
蛋黃320g
低筋麵粉160g
檸檬汁70g
檸檬皮屑4g

義大利蛋白霜
A 蛋白200g
　 檸檬汁10g
　 香草醬4g
B 水120g
　 細砂糖400g

完成用材料
檸檬皮屑、莓果

使用器具
66cm×46cm烤盤1個
直徑7cm塔圈30個
擠花袋、花嘴
噴火槍

作法

塔皮

01 塔皮麵團作法參見P122。麵團擀成3mm厚度，鋪放塔模中，整型後戳洞，壓紙、放重石，烤半熟。

檸檬乳酪奶油餡

02 將蛋黃、細砂糖拌勻，加入低筋麵粉攪拌混合均勻。

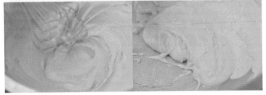

03 奶油隔水加熱煮融化，慢慢加入到【步驟2】中拌勻，再回煮邊攪拌邊加熱至濃稠狀，離火，繼續攪拌至光滑（將奶油融化成液態代替水分的作用）。

04 最後加入軟化乳酪充分拌勻，加入檸檬皮屑、檸檬汁拌勻即可。

義大利蛋白霜

05 細砂糖、水煮至118℃。將蛋白、檸檬汁、香草醬攪拌打發至起泡，再慢慢加入糖漿，繼續攪拌打發至成堅挺的硬性發泡，待冷卻至35℃使用。

烘烤組合

06 將檸檬乳酪奶油餡擠入烤半熟的塔皮中，放入上火230℃／下火0℃烤箱中，烤約6分鐘至表面上色。

07 將義大利蛋白霜裝入擠花袋（圓形花嘴）在表面擠滿水滴狀霜飾，再用噴火槍稍烘烤上色，用檸檬皮屑、莓果點綴。

小山圓抹茶乳酪塔
MATCHA CHEESE TART

濃厚的抹茶與濃厚乳酪的絕美平衡結合。
酥香底層填滿滑順的乳酪餡，
頂層搭配濃厚順口抹茶卡士達餡，
漸層分明而協調的口感，正是抹茶乳酪塔的特色。

材料 （30個份）

塔皮	乳酪餡	抹茶克林姆	完成用材料

塔皮

無鹽奶油197g
糖粉72g
全蛋36g
蛋黃333g
杏仁粉12g
香草油3g
鹽3g
低筋麵粉720g

乳酪餡

A　鮮奶433g
　　無鹽奶油95g
　　蛋黃126g
　　玉米粉16g
　　細砂糖33g
　　十勝乳酪374g
B　蛋白110g
　　海藻糖45g
　　細砂糖90g

抹茶克林姆

A　鮮奶油563g
　　細砂糖135g
　　水85g
　　吉利丁片22g
　　抹茶粉28g
B　鮮奶油703g

完成用材料

抹茶粉、金箔

使用器具

66cm×46cm烤盤1個
直徑7cm塔圈30個

＊在日本香草油常運用於餅乾製作，
油脂的成分有助於包覆塔皮的風
味，較香草精能提供更有層次的風
味。

作法

塔皮

01 將奶油、糖粉、鹽攪拌成乳霜狀顏色變乳白，
分次加入全蛋、蛋黃、香草油充分拌勻（不需要打
發），以手壓切的方式拌入杏仁粉、低筋麵粉大
略拌勻成團，將麵團用保鮮膜包覆，冷藏鬆弛1夜
（約6小時）備用。

02 取出麵團，擀成3mm厚度，鋪在塔模中，均勻
戳洞，壓紙、放重石，放入上火190℃／下火180℃烤
箱中，烤約16分鐘至塔皮半熟。

乳酪餡

03 蛋黃麵糊。蛋黃、玉米粉、細砂糖混合拌勻。

04 鮮奶用中火煮沸，轉小火，慢慢加入【步驟
3】中，再回煮邊攪拌邊加熱至呈濃稠狀，離火，
以打蛋器攪拌成光滑狀。加入軟化的奶油拌勻，加
入奶油乳酪拌勻。

05 蛋白霜。將蛋白加
入1/2份量細砂糖打發
至濕性發泡狀，再分次
加入剩下的細砂糖打發
至成堅挺的硬性發泡。

06 將蛋白霜分次加入蛋黃麵糊，以切拌的方式
混合拌勻（乳酪餡的質地類似半熟乳酪但較其柔
軟）。

抹茶克林姆

07 吉利丁片浸泡冰水使其吸足水分泡脹備用。

08 將鮮奶油563g、細
砂糖攪拌勻，加熱煮至約
60℃，熄火，加入抹茶
粉混合拌勻。

09 將混勻的抹茶鮮奶液加入【步驟7】，盆底隔
著冰水，邊攪拌待降溫至約17℃，最後加入打發鮮
奶油（703g）輕混拌勻即可。

烘烤組合

10 將乳酪餡擠入烤半
熟塔皮至約塔模1/2高
度，放入上火190℃／
下火130℃烤箱中，烤
約14分鐘，至乳酪糊表
面略膨起。

11 將抹茶克林姆餡擠
入烤好的乳酪塔中，表
面篩灑入抹茶粉、用金
箔點綴即可。

甜橙乳酪塔
ORANGE CHEESE TART

濃稠凝脂的乳酪餡中摻合蜜漬橘絲，
引出別有的果香，
微微香甜中和著濃稠乳香，尾韻細膩迷人，
表層綴以蜜漬橙片，水嫩鮮甜，澄黃誘人，
黃澄澄的果香色澤，最是吸引人的迷人特色。

材料 （30個份）

塔皮
塔皮麵團→P122

乳酪餡
北海道乳酪450g
上白糖200g
全蛋160g
低筋麵粉50g
鮮奶270g
奶油90g
橘子蜜餞絲120g

完成用材料
蜜漬橙片、檸檬皮屑

使用器具
66cm×46cm烤盤1個
直徑7cm塔圈30個

作法

塔皮

01 塔皮麵團作法參見P122。

02 將塔皮麵團，擀成3mm厚度，鋪在塔模中，刮除邊緣多餘的麵皮，均勻戳洞，壓紙、放重石，放入上火180℃／下火180℃烤箱中，烤14分鐘，至塔皮半熟。

乳酪餡

03 將軟化的奶油乳酪、上白糖攪拌至柔滑狀，加入低筋麵粉拌勻。

04 再分次加入打散全蛋液拌勻，加入橘子絲拌勻。

05 最後加入鮮奶拌勻，加入隔水融化奶油（約80℃）混合拌勻即可。

烘烤組合

06 將乳酪餡擠入烤半熟的塔皮中至約1/2高度，放入上火200℃／下火0℃，烤約16分鐘，至表面膨脹起來。

07 表面鋪放蜜漬橙皮，用檸檬皮屑裝點即可。

粉雪乳酪塔

CREAM CHEESE TART

精選奶油乳酪搭配酸奶製成乳酪餡，
乳酪的酸味及濃醇融合為體，奶香清爽香滑順口。
豐盈白雪的綿密表層，雪白淡雅，
搭配淺淺金黃的塔皮，細膩風味的組合饗宴。

材料 （30個份）

塔皮	乳酪餡	完成用材料	使用器具
奶油400g	北海道乳酪1000g	打發鮮奶油→P18	66cm×46cm烤盤1個
上白糖350g	上白糖150g	糖粉	直徑7cm塔圈30個
杏仁膏175g	鹽4g		
糖粉150g	蛋黃200g		
全蛋150g	酸奶150g		
白蘭地50g	低筋麵粉80g		
低筋麵粉500g	檸檬汁50g		

＊上白糖具有轉化糖的特性，用在塔皮製作可提高塔皮的脆口度。上白糖在冷藏後，其吸水性會使塔皮變得較為柔軟，適合與檸檬派、乳酪派之類，較為柔軟的內餡搭配使用。

作法

塔皮

01 杏仁膏、上白糖、糖粉攪拌均勻，分次加入全蛋、白蘭地拌勻，再加入軟化的奶油拌勻，加入過篩低筋麵粉拌勻成團，用保鮮膜包覆，冷藏鬆弛約6小時。

02 將麵團擀成3mm厚度，鋪在塔模中，刮除邊緣多餘的麵皮，均勻戳洞，壓紙、放重石，放入上火180℃／下火180℃烤箱中，烤14分鐘，至塔皮半熟。

乳酪餡

03 奶油乳酪、上白糖、鹽攪拌至柔滑狀。

04 分次加入蛋黃拌勻，加入酸奶拌勻。

05 接著加入過篩低筋麵粉拌勻，最後加入檸檬汁拌勻。

烘烤組合

06 將乳酪餡擠入烤半熟的塔皮中至約9分滿。

07 放入上火190℃／下火0℃，烤約16分鐘至表面上色。表面抹上打發鮮奶油，篩灑上糖粉裝飾即可。

Plus

主廚的自信之作

風靡台日的人氣乳酪甜點！
清新淡雅、豐盈濃醇、溫潤輕盈滋味，
傳承職人堅持的私藏作，
首次亮相，驚艷味蕾！
看起來簡單，味道卻不凡的乳酪甜點。

粉雪櫻情融心乳酪

CHERRY BLOSSOMS MOUSSE CAKE

以粉紅系夢幻食材營造春日浪漫氣息，
乳酪蛋糕夾層了乳酪餡、莓果醬、果凍，
柔和奶香與酸味展現絕美的平衡感，清新香甜，
宛如初雪般細緻，入口就融化，
雙層融化乳酪蛋糕，吃在嘴裡更甜進心裡。

材料 （4個份）

海綿蛋糕	乳酪餡	綜合莓果醬	乳酪粉雪起司
海綿蛋糕→P24	**A** 蛋黃145g 　細砂糖10g 　玉米粉18g 　櫻花醬30g 　櫻花粉15g 　十勝乳酪350g 　馬斯卡彭40g 　發酵奶油50g 　鮮奶270g **B** 蛋白82g 　細砂糖98g	綜合莓果泥60g 新鮮草莓60g 新鮮覆盆子80g 細砂糖60g 吉利丁片2.5g **櫻花果凍** 水500g 鹽漬櫻花花瓣8g 細砂糖60g 吉利丁片2g	細砂糖50g 蛋黃33g 水10g 馬斯卡彭220g 鮮奶油333g 吉利丁片5g **使用器具** 66cm×46cm烤盤1個 6寸蛋糕模4個

作法

海綿蛋糕

01 海綿蛋糕作法參見P24。並將蛋糕攪拌成屑末狀，鋪放模型底部。

乳酪體

02 **蛋黃麵糊**。將玉米粉、細砂糖乾拌混合均勻，加入蛋黃攪拌均勻。

03 再加入櫻花粉、櫻花醬混合拌勻。

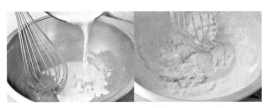

04 將鮮奶用中火加熱煮至沸騰冒泡後，轉小火加入到【步驟3】中拌勻，邊拌邊煮避免焦底，此時蛋黃卡士達會越來越濃稠，持續攪拌至濃稠滑順，熄火。

05 再加入十勝乳酪、馬斯卡彭，以及發酵奶油用均質機均質混合均勻。

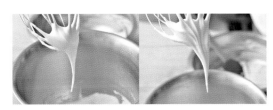

06 **蛋白霜**。將1/2份量細砂糖加入蛋白中攪拌至濕性發泡（6分發），再將剩餘細砂糖分次加入攪拌至成堅挺的硬性發泡（8分發）。

07 將蛋白霜加入【步驟5】的蛋黃麵糊中，以切拌的方式先混合拌勻，即成乳酪麵糊。

08 將乳酪麵糊倒入【步驟1】鋪好蛋糕體的模型中（約250g）、抹平。

09 放入上火180℃／下火130℃烤箱中，以隔水加熱（水浴法）烤約25分鐘。

Point 烤盤放上托盤，放入烤模，再倒入約1/2高的水，隔水烤焙的方式，即所謂水浴法。

櫻花果凍

10 飲用水（415g）、鹽漬櫻花用均質機攪打細碎。

11 水（85g）與細砂糖加熱攪拌至糖融化約45℃，加入浸泡冰水軟化的吉利丁（粉）拌至完全融解。

12 再加入【步驟10】櫻花水混合拌勻，待降溫至約19℃，倒入底部包覆保鮮膜的模型中至模高約0.3-0.5cm。

13 放入冰箱冷凍至凝固定型，備用。

乳酪粉雪起司

14 吉利丁浸泡冰水至軟化。將鮮奶油攪拌打至6分發。

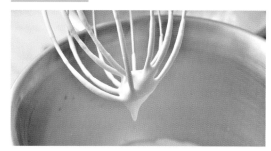

15 細砂糖、水加熱煮至沸騰約115℃。

16 將蛋黃攪拌打發，再慢慢沖入【步驟15】糖水繼續攪拌發泡顏色變乳白至約45℃，做成蛋黃炸彈麵糊。

17 再加入軟化的吉利丁拌至融化，加入軟化乳酪混合拌勻（溫度控制在35℃左右）。

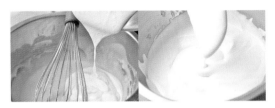

18 冰鎮冷卻至約26℃，加入打發鮮奶油混拌均勻即可。

Point 鮮奶油打至6分發即可，不需打太發，較好與麵糊混合。

19 取出冷凍定型的櫻花果凍，在表層均勻倒入乳酪粉雪起司（約180g）。

綜合莓果醬

20 將細砂糖、綜合莓果泥放入鍋中，加入切片草莓片、覆盆子加熱拌煮至60℃至濃稠。

21 再加入浸泡軟化的吉利丁拌勻，待冷卻備用。

組合完成

22 將【步驟9】烤好的乳酪體表面中心處，倒入綜合莓果醬，再脫除模框，撕除紙模。

23 將【步驟22】反鋪覆蓋在【步驟19】表面組合，冷凍定型。

24 脫模組合，表面用金箔點綴即可。

蜂蜜凹起司蛋糕
HONEY CHEESE CAKE

宛如卡士達醬般濕潤香濃的內餡，
質地相當輕柔，綿密細緻，入口即化，
嚐得到濃醇香質感與深度的半熟凹陷起司蛋糕。

蜂蜜凹起司蛋糕

材料　（3個份）

乳酪蛋糕體

A 十勝乳酪110g
　蛋黃40g
　鮮奶油48g
　玉米粉8g
　低筋麵粉8g
B 蛋白110g
　細砂糖74g

蜂蜜蛋糕體

A 蛋黃80g
　全蛋165g
　細砂糖56g
　葡萄糖漿29g
　蜂蜜29g
B 低筋麵粉55g
　玉米粉7g

使用器具

66cm×46cm烤盤1個
6寸（直徑16cm）蛋糕模3個

作法

乳酪蛋糕體

01 蛋黃麵糊。 將乳酪、蛋黃先攪拌均勻。

02 加入混合過篩的玉米粉、低筋麵粉混合攪拌均勻至無粉粒。

03 加入鮮奶油拌勻。

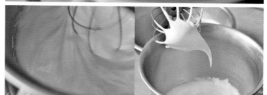

04 蛋白霜。 將蛋白加入1/2細砂糖攪拌打至濕性發泡，再加入剩下的細砂糖攪拌打至7分發，拿起攪拌器時蛋白呈微尖滴落狀的尖角。

05 將蛋白霜加入【步驟3】中的蛋黃麵糊，以切拌的方式混合拌勻。

06 模型底邊及模邊四周圍上紙模，將【步驟5】乳酪蛋糕糊擠入模型中約3分滿。

蜂蜜蛋糕體

07 **蛋黃麵糊**。將蛋黃、全蛋、細砂糖先混合拌勻，再邊攪拌邊隔水加熱至約35℃（保溫35℃）。

08 蜂蜜、葡萄糖漿加熱至約40℃呈流性狀態。

09 將【步驟7】倒入攪拌缸中攪拌，再慢慢加入【步驟8】攪拌打至全發，用刮刀舀取麵糊可畫出明顯紋路「8」字形的濃稠度。

10 將低筋麵粉、玉米粉混合過篩，再平均分布的加入【步驟9】表面。

11 用刮刀從底部向上，順著相同方向以輕柔的切拌方式混合翻拌至沒有粉粒。

12 切拌混合直至麵粉完全融合，麵糊呈光滑流性狀態。

烘烤組合

13 再將【步驟12】的蜂蜜麵糊倒入【步驟6】已擠好乳酪蛋糕糊的模型中至約7-8分滿。

14 放入上火180℃／下火140℃烤箱中，烤約18-22分鐘，取出，待稍降溫蛋糕表面會漸漸凹陷。

雪の岩乳酪條

CHEESE CAKE

不僅有濃郁醇厚的乳酪香氣，
還有淡淡的杏仁香味，
溫潤細密蛋糕體，疊層紮實的餅乾底層，
分明層次口感，帶出深層的美味，
不論是視覺或口感都是上乘美味之選。

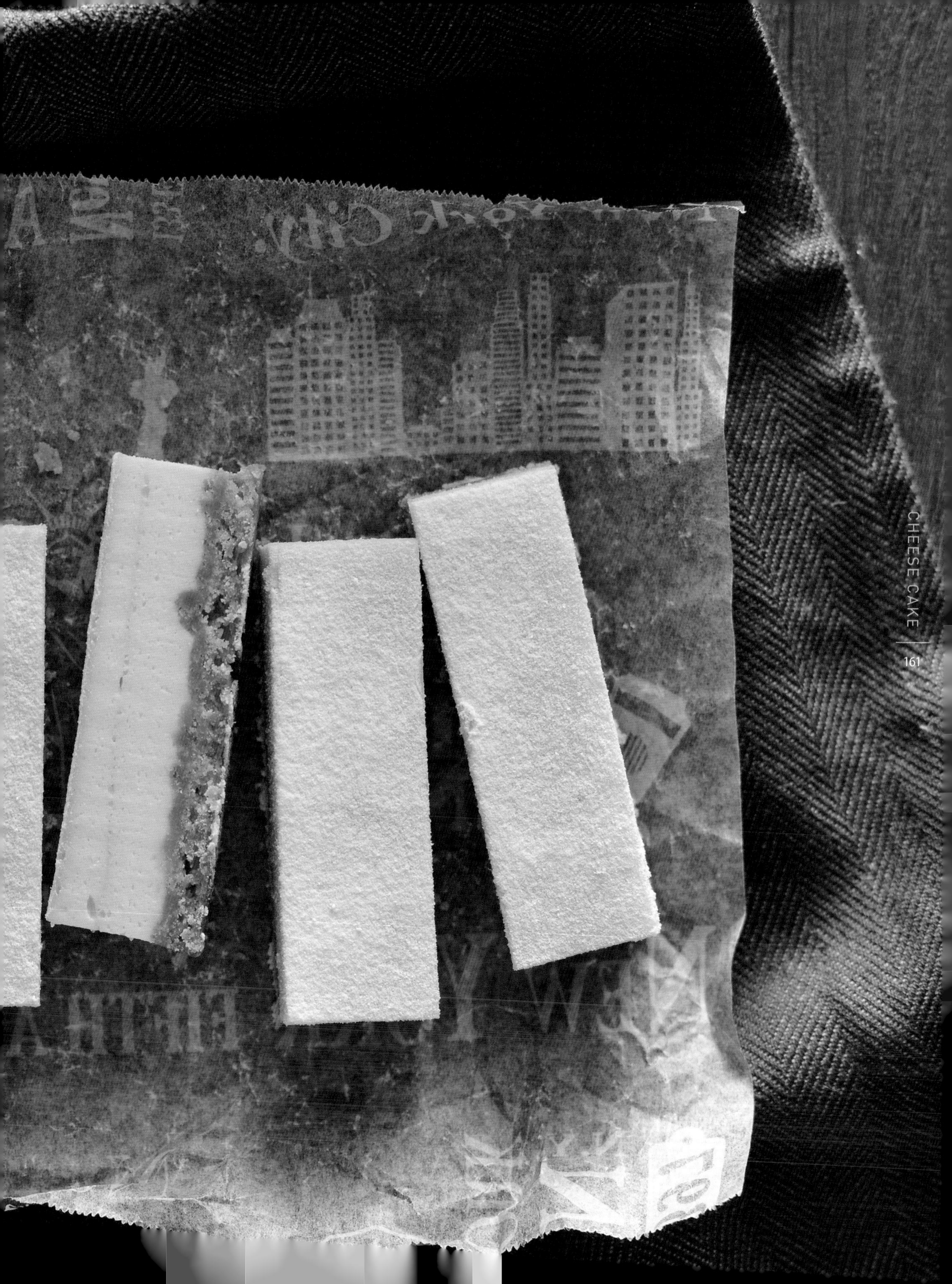

CHEESE CAKE

（無麩版）
雪岩
乳酪條

雪の岩乳酪條

材料 （1個份）

餅乾底
糖粉150g
無鹽奶油150g
低筋麵粉150g
杏仁粉150g

乳酪蛋糕餡
北海道乳酪800g
蛋黃135g
全蛋135g
鮮奶油（47%）320g
細砂糖170g
玉米粉24g

使用器具
30cm×40cm烤盤1個

作法

餅乾底

01 將奶油加入過篩的糖粉攪拌混合均勻，再加入混合過篩的低筋麵粉、杏仁粉輕混拌勻（注意不要攪拌出筋、出油）。

02 再倒入容器中攤展開，冷凍靜置隔天使用。

Point 攪拌好的細粒餅乾底，冷凍靜置1天後使用，酥脆口感度更佳。

03 將【步驟2】熟成的餅乾底倒入模框中，鋪平底部按壓均勻（一層約400g），放入上火190℃／下火190℃烤箱中，烤約16分鐘，備用。

乳酪蛋糕餡

04 將奶油乳酪、全蛋、蛋黃，以及細砂糖、玉米粉放入均質機中混合攪拌均勻。

05 再加入鮮奶油混合拌勻，再用網篩將乳酪麵糊過篩均勻，篩除顆粒即可。

 Point 奶油要冷藏，冰冷的奶油較利於混合操作；若使用片狀奶油效果會更好。

烘烤組合

06 將【步驟5】的乳酪蛋糕餡（第一層約600g）倒入【步驟3】餅乾底的模具中，由中間將麵糊往四邊刮抹均勻。

07 放入上火200℃／下火190℃烤箱中，烤約8分鐘。

08 取出，再倒入第二層乳酪蛋糕餡（約1000g），以上火180℃／下火160℃烤約25分鐘即可。

09 取出待冷卻、脫模。

10 將鋸齒刀用噴火槍稍微溫熱過，再分切成長條狀。

11 表面均勻薄篩上一層防潮糖粉即可。

 Point 除了最後的篩灑防潮糖粉外，也可在烘烤第二層乳酪蛋糕餡時，表面灑上均勻餅乾底細粒來做口味變化。

雲朵乳酪舒芙蕾卷
CHEESE SWISS ROLL

輕盈飄忽，輕柔似雪的化口滋味！
加了白葡萄酒的蛋糕體，多了隱約淡淡的香氣，
與清新的乳酪交織成絕妙平衡的風味，
中間捲入滑順濃醇的鮮奶油餡，整體風味絕佳，
雪白細緻，口感綿密濕潤，外型雅致有型。

雲朵乳酪舒芙蕾卷

材料 （4個份）

乳酪蛋糕體

A 蛋黃90g
　細砂糖90g
　北海道乳酪525g
　鮮奶440g
　鮮奶油80g
　香甜白葡萄酒25g
　低筋麵粉62g
B 蛋白395g
　細砂糖135g
　蛋白粉7g

鮮奶油霜

鮮奶油（47%）400g
鮮奶油（35%）200g
細砂糖50g

使用器具

66cm×46cm烤盤1個

乳酪蛋糕體

01　蛋黃麵糊。將細砂糖與過篩的低筋麵粉先乾拌混合均勻，再加入蛋黃拌勻。

02　將鮮奶油、鮮奶加熱煮沸，沖入到【步驟1】中混合拌勻，再邊拌邊回煮至約80℃呈濃稠狀。

03　再加入乳酪攪拌至柔滑光澤狀。

04　加入白葡萄酒混合拌勻，呈光澤感，攪拌時能留下攪拌水痕。

05 **蛋白霜**。細砂糖、蛋白粉混勻，加入蛋白中攪拌打發至濕性發泡狀，轉中速，打發至成堅挺光滑的濕性發泡。

06 取1/3的蛋白霜加入【步驟4】中拌勻，再分2次加入剩餘的蛋白霜中混合拌勻即可。

烘烤組合

07 將單面油光紙鋪放入烤盤中。

08 將【步驟6】的麵糊倒入烤盤中，用刮板由中間朝四邊抹平。

09 放入上火150℃／下火150℃烤箱中，隔水烤約30分鐘，若周邊的蛋糕體與烤盤邊呈現分開狀態時，再續烤約3分鐘左右即可。

鮮奶油霜

10 將鮮奶油混合後，加入細砂糖攪拌打至8分發即可。

夾餡組合

11 將蛋糕體倒扣在油光紙上（上色面朝底），撕除油光紙，並用刀在表面切割出4等份，並將每等份表面覆蓋上蛋糕紙。

12 將4等份蛋糕體翻面，使蛋糕紙面朝下（上色面朝上），並在表面抹上鮮奶油霜。

13 從後向上拉提蛋糕紙、平壓、順勢堆捲至底，壓緊前端，捲成圓形狀，冷藏定型。

 Point 由於向外捲表皮要烘烤乾，烘烤完成時，用手輕摸表皮測試，若不黏且會回彈即表示OK。

濃厚炙燒生起司布丁
CHEESE PUDDING

比起一般布丁更顯濃醇、滑嫩Q彈！
濃郁奶蛋香氣，綿細濕潤的滑嫩口感，
吃得到100%濃醇香，醇郁不膩口，
表面炙燒焦化豐盈了色澤香氣，
讓人吃過就難以忘卻滋味的乳酪布丁。

材料 （25個份）

乳酪布丁液
北海道乳酪625g
細砂糖188g
鮮奶油625g
鮮奶313g
全蛋63g
蛋黃125g

使用器具
66cm×46cm烤盤3個
鋁箔模25個

作法

乳酪布丁液

01 鮮奶油、鮮奶加熱至約50℃。

02 將乳酪、細砂糖、全蛋、蛋黃放入均質機中均質混合均勻。

03 再慢慢加入【步驟1】的熱鮮奶混合均質均勻，用篩網過篩細緻、篩除顆粒。

04 將烤焙紙揉成皺折狀，攤展開後覆蓋在【步驟3】表面吸除多餘的氣泡。

05 再噴上75%酒精消除小泡泡。

Point 將烤焙紙先揉皺再攤開覆蓋表層，可提升吸附力。

烘烤完成

06 將鋁箔杯整齊排放烤盤上（有網洞），再平均倒入布丁液（約75g）。

07 放入蒸氣烤箱，以上火88℃／下火88℃烤約20-30分鐘至熟。（或以隔熱水蒸烤的方式，表面加蓋烤盤，放入烤箱以上火130℃／下火130℃烤約30分鐘至熟。）蒸烤的間接溫度不宜超過85℃。

08 待冷卻，用噴火槍噴燒表面至稍微焦糖化，即成生乳酪布丁。

細雪乳酪藏心磅蛋糕
CHEESE POUND CAKE

溫潤的乳酪蛋糕體中，填入綿密乳香內餡，
乳酪餡的相襯，讓蛋糕多了層次的風味表現，
濃醇香氣提升，口感輕盈綿密，表層糖粉帶出香甜酥脆的口感，
跳脫磅蛋糕以往的既有印象，是款相當夯的美味話題蛋糕。

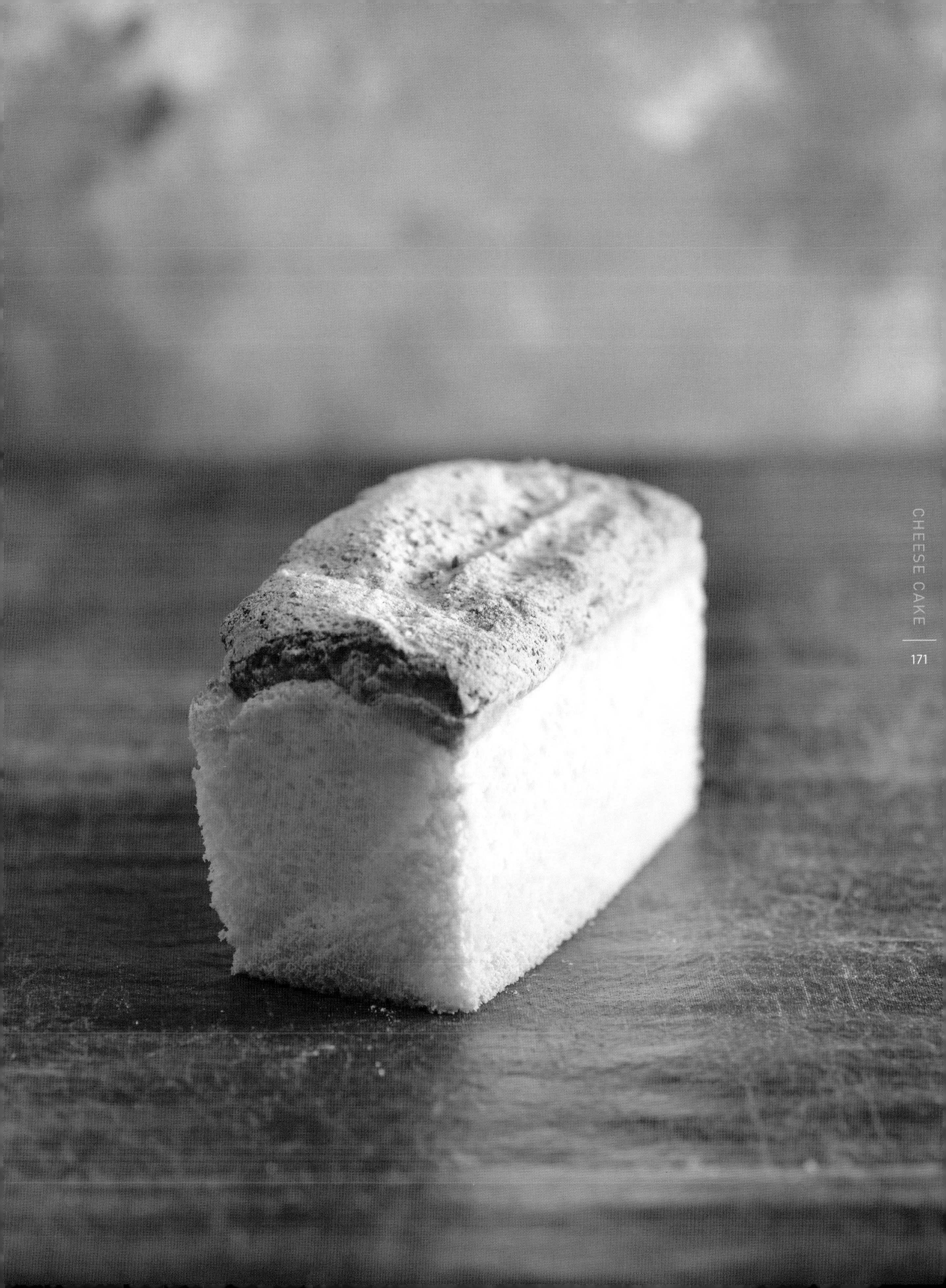

（無麩版）
超柔軟巧克力
生乳磅蛋糕

CHEESE POUND CAKE

細雪乳酪藏心磅蛋糕

材料 （8個份）

乳酪蛋糕體

A 蛋黃165g
　　細砂糖100g
　　沙拉油80g
　　鮮奶油100g
　　泡打粉4g
　　低筋麵粉160g
　　乳酪粉100g

B 蛋白365g
　　細砂糖252g

乳酪餡

馬斯卡彭200g
細砂糖50g
鮮奶油500g

使用器具

66cm×46cm烤盤1個
日本磅蛋糕烤模
（直徑15cm）8個

作法

乳酪蛋糕體

01　蛋黃麵糊。將乳酪粉、泡打粉、低筋麵粉混合過篩拌勻。

02 將蛋黃、細砂糖攪拌均勻至糖完全融解。

172

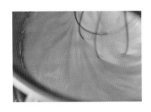

03 蛋白霜。將蛋白加入1/2細砂糖攪拌打至6分發濕性狀態,再加入剩餘1/2細砂糖攪拌打發至成堅挺光滑的硬性發泡(8分發)。

04 將【步驟2】加入到【步驟3】蛋白霜中混合攪拌約1分鐘至柔滑狀。

05 再平均加入【步驟1】過篩的粉類順勢輕拌混合均勻。

06 沙拉油、鮮奶油加熱至約50℃(溫度保持在50℃),再慢慢加入【步驟5】中混合拌勻即可。

烘烤組合

07 將烤焙紙裁成符合模型的尺寸大小,鋪放入模型中。

08 用刮板將乳酪蛋糕糊舀入模型中約6分滿(約150g),用刮刀輕抹做出不規則的表面造型,表面再灑上糖粉。

09 放入上火185℃／下火180℃烤箱中,烤約18-22分鐘(拉氣門),出爐、震敲,脫模,保留紙模不需撕除。

Point 表面灑上糖粉烘烤後會形成酥脆的質地口感。

10 乳酪餡。將乳酪餡的所有材料打發成濃稠膏狀。

11 用剪刀在蛋糕體底部剪劃出3個十字切痕,並用竹筷朝著切口處輕戳使孔洞貫穿相連。

12 最後再擠入乳酪餡填滿切痕即可。

國家圖書館出版品預行編目（CIP）資料

黃威達 極上之味和風乳酪洋菓子 / 黃威達著 .-- 初版 .
-- 臺北市：原水文化出版：家庭傳媒城邦分公司發行，
2020.09
　面；　公分 . --（烘焙職人系列；4）
　ISBN 978-986-99073-9-2（平裝）

1. 點心食譜

427.16　　　　　　　　　　　　　　109012690

烘焙職人系列 004

黃威達 極上之味和風乳酪洋菓子

作　　　者／黃威達
特 約 主 編／蘇雅一
責 任 編 輯／潘玉女

行 銷 經 理／王維君
業 務 經 理／羅越華
總　 編　 輯／林小鈴
發　 行　 人／何飛鵬
出　　　版／原水文化
　　　　　　台北市民生東路二段 141 號 8 樓
　　　　　　電話：02-25007008　　傳真：02-25027676
　　　　　　E-mail：H2O@cite.com.tw　　Blog：http:citeh2o.pixnet.net/blog/
　　　　　　FB 粉絲專頁：https://www.facebook.com/citeh2o/
發　　　行／英屬蓋曼群島商家庭傳媒股份有限公司城邦分公司
　　　　　　台北市中山區民生東路二段 141 號 11 樓
　　　　　　書虫客服服務專線：02-25007718．02-25007719
　　　　　　24 小時傳真服務：02-25001990．02-25001991
　　　　　　服務時間：週一至週五 09:30-12:00．13:30-17:00
　　　　　　讀者服務信箱 email：service@readingclub.com.tw
劃 撥 帳 號／19863813　戶名：書虫股份有限公司
香 港 發 行 所／城邦（香港）出版集團有限公司
　　　　　　地址：香港灣仔駱克道 193 號東超商業中心 1 樓
　　　　　　Email：hkcite@biznetvigator.com
　　　　　　電話：(852)25086231　　傳真：(852) 25789337
馬 新 發 行 所／城邦（馬新）出版集團
　　　　　　41, Jalan Radin Anum, Bandar Baru Sri Petaling,
　　　　　　57000 Kuala Lumpur, Malaysia.
　　　　　　電話：(603) 90578822　　傳真：(603) 90576622
　　　　　　電郵：cite@cite.com.my

美 術 設 計／陳育彤
攝　　　影／周禎和
製　　　版／台欣彩色印刷製版股份有限公司
印　　　刷／卡樂彩色製版印刷有限公司

城邦讀書花園
www.cite.com.tw

初 版 3.1 刷／2023 年 1 月 3 日
定　　　價／550 元

蘋果米餅鐵盒

買一送一

★ 本優惠限定門市使用，每券限優惠一組。
★ 優惠時間至2021年12月31日止。
★ 本優惠不得與其他優惠併用。

全館禮盒產品

享8折優惠

★ 本優惠限定門市使用。
★ 優惠時間至2021年12月31日止。
★ 本優惠不得與其他優惠併用。

道南乳酪8入禮盒

第二件 享68折

★ 本優惠限定門市使用，每券限優惠一組。
★ 優惠時間至2021年12月31日止。
★ 本優惠不得與其他優惠併用。

現金折價

$100元

★ 本優惠限定門市使用，消費滿千元以上方可折抵。
★ 優惠時間至2021年12月31日止。
★ 本優惠不得與其他優惠併用。

久久津
JOY JOY GOLDEN
SINCE 2014

久久津乳酪本舖

電話：04-22468808
地址：台中市北屯區崇德路二段203號
營業時間：一～六 11:00~20:00
官網：https://joyjoygolden.com/

《優惠券使用說明》
★本優惠限定門市使用，每券限優惠一組。
★優惠時間至2021年12月31日止。
★本優惠不得與其他優惠併用。
★久久津保有調整、修改活動的權利。

久久津line@　久久津官網QR　久久津臉書

久久津
JOY JOY GOLDEN
SINCE 2014

久久津乳酪本舖

電話：04-22468808
地址：台中市北屯區崇德路二段203號
營業時間：一～六 11:00~20:00
官網：https://joyjoygolden.com/

《優惠券使用說明》
★本優惠限定門市使用。
★優惠時間至2021年12月31日止。
★本優惠不得與其他優惠併用。
★久久津保有調整、修改活動的權利。

久久津line@　久久津官網QR　久久津臉書

久久津
JOY JOY GOLDEN
SINCE 2014

久久津乳酪本舖

電話：04-22468808
地址：台中市北屯區崇德路二段203號
營業時間：一～六 11:00~20:00
官網：https://joyjoygolden.com/

《優惠券使用說明》
★本優惠限定門市使用，每券限優惠一組。
★優惠時間至2021年12月31日止。
★本優惠不得與其他優惠併用。
★久久津保有調整、修改活動的權利。

久久津line@　久久津官網QR　久久津臉書

久久津
JOY JOY GOLDEN
SINCE 2014

久久津乳酪本舖

電話：04-22468808
地址：台中市北屯區崇德路二段203號
營業時間：一～六 11:00~20:00
官網：https://joyjoygolden.com/

《優惠券使用說明》
★本優惠限定門市使用，消費滿千元以上方可折抵。
★優惠時間至2021年12月31日止。
★本優惠不得與其他優惠併用。
★久久津保有調整、修改活動的權利。

久久津line@　久久津官網QR　久久津臉書